WERKSTATTBÜCHER

FÜR BETRIEBSANGESTELLTE, KONSTRUKTEURE UND FACH-
ARBEITER. HERAUSGEGEBEN VON DR.-ING. H. HAAKE, HAMBURG

Jedes Heft 50—70 Seiten stark, mit zahlreichen Textabbildungen

Die Werkstattbücher behandeln das Gesamtgebiet der Werkstatts-
technik in kurzen selbständigen Einzeldarstellungen; anerkannte Fachleute
und tüchtige Praktiker bieten hier das Beste aus ihrem Arbeitsfeld, um ihre
Fachgenossen schnell und gründlich in die Betriebspraxis einzuführen.
Die Werkstattbücher stehen wissenschaftlich und betriebstechnisch auf der
Höhe, sind dabei aber im besten Sinne gemeinverständlich, so daß alle im
Betrieb und auch im Büro Tätigen, vom vorwärtsstrebenden Facharbeiter bis
zum leitenden Ingenieur, Nutzen aus ihnen ziehen können.
Indem die Sammlung so den Einzelnen zu fördern sucht, wird sie dem Betrieb
als Ganzem nutzen und damit auch der deutschen technischen Arbeit im
Wettbewerb der Völker.

Einteilung der bisher erschienenen Hefte nach Fachgebieten

(Fortsetzung 3. Umschlagseite)

WERKSTATTBÜCHER

FÜR BETRIEBSANGESTELLTE, KONSTRUKTEURE UND FACH-
ARBEITER. HERAUSGEBER DR.-ING. H. HAAKE, HAMBURG

HEFT 104

Längenmessungen

Von

Dr.-Ing. Hans Schmidt

Mannheim

Mit 139 Abbildungen

Springer-Verlag Berlin Heidelberg GmbH

1951

ISBN 978-3-540-01600-7   ISBN 978-3-642-87261-7 (eBook)
DOI 10.1007/978-3-642-87261-7

Inhaltsverzeichnis.

Einleitung.

Unter Längenmessung versteht man im allgemeinen das Messen der geraden Entfernung zweier Punkte, die irgendwelchen Flächen angehören. Unter diesen Begriff fallen sowohl der Abstand zweier ebenen Flächen als auch der Durchmesser eines Zylinders und die Steigung eines Gewindes usw. Da einzelne Gebiete der Längenmessung so wichtig und umfangreich sind, daß sie im Rahmen eines besonderen Werkstattbuches beschrieben werden müssen, behandelt das vorliegende Werkstattbuch die Grundlagen und Meßmittel der allgemeinen Längenmessung, die vorwiegend in den Betrieben der mechanischen Fertigung angewendet werden. Aus dem Gebiet der Fertigungsmeßtechnik werden folgende Besonderheiten hier *nicht* behandelt: Messen von Gewinden (s. Werkstattbuch Nr. 65); Messen und Prüfen von Zahnrädern; Winkelmessungen (s. Werkstattbuch Nr. 18); Oberflächenprüfung. Die im Austauschbau verwendeten Lehren, Grenzlehren und Sonderlehren, die keine Meßmittel zur Bestimmung von Istmaßen sind, werden ebenfalls einer besonderen Beschreibung vorbehalten.

Der Begriff der Längenmessung ist untrennbar mit den dafür verwendeten Meßmitteln und Meßgeräten verbunden, so daß es ganz natürlich ist, daß eine Beschreibung der Längenmessung im wesentlichen eine solche der Meßmittel ist.

I. Geschichtliche Anmerkungen.

Bevor man sich mit dem heutigen Stand der Längenmessungen und Längenmeßgeräte beschäftigt, ist es nützlich und interessant, einen kurzen Blick auf die geschichtliche Entwicklung zu werfen. Fast noch wichtiger als die Entwicklung der Meßverfahren und Meßgeräte ist die der Längenmaßeinheiten. Die zur Verständigung der Menschen untereinander über Längenmessungen unentbehrliche Maßeinheit unterlag einer stetigen Wandlung. Die Bemühungen, diese Maßeinheit unabhängig von Personen, Ort, Zeit und Materie zu machen, führten erst in jüngster Zeit zu einem Ziel.

Wenn man die heutigen Meßgeräte und ihre Genauigkeiten kennt, so kommt man in Versuchung, auf die primitiven Geräte früherer Zeiten geringschätzig herabzusehen. Und doch werden manche dieser Geräte auch heute noch angewendet, und es ist erstaunlich, welche Genauigkeit selbst mit einfachen Mitteln erzielt werden kann.

A. Entwicklung der Längenmaßeinheiten.

1. Bis zur Meterkonvention. Das Messen einer Länge ist ein Vergleichen derselben mit der Längeneinheit. Die Größe dieser Einheit wird durch ein Abkommen zwischen den daran interessierten Menschen festgelegt. Das gilt heute ebenso wie vor tausenden von Jahren, als die Beziehungen der Menschen untereinander sich nur auf einen kleinen Personenkreis erstreckten. Diese Einheit soll überall möglichst bequem reproduzierbar sein. Die an sie zu stellenden Anforderungen bezüglich Genauigkeit und Unveränderlichkeit stiegen mit der Genauigkeit der Längenmessungen im gewerblichen Leben und zuletzt in der industriellen Fertigung.

In frühester Zeit wurde die Längenmaßeinheit von Maßen des menschlichen Körpers abgeleitet, was auch heute noch an den betreffenden Bezeichnungen zu erkennen ist. Die Beispiele Fuß, Schritt, Spanne, Elle (Länge vom Ellenbogen bis zu den Fingerspitzen) bedürfen keiner weiteren Erklärung. Mit der Zunahme von Handel und Verkehr wuchs das Bedürfnis, für alle Menschen einer Gemeinde oder eines Staates ein verbindliches Urmaß festzulegen. Es entstanden Verkörperungen der Maßeinheit, die an öffentlichen Gebäuden angebracht oder bei einer Behörde aufbewahrt wurden.

Eine solche Maßeinheit aus dem 17. Jahrhundert ist die *Toise du Châtelet*, ein Eisenstab mit zwei Vorsprüngen, der an der Außenwand des Châtelet von Paris befestigt war und an dem jeder Bürger seinen eigenen Maßstab nachprüfen konnte. Ein weiteres Urmaß aus dem 18. Jahrhundert, die *Toise du Pérou*, das als Endmaß aus geschmiedetem Eisen ausgeführt war, wurde bei der Akademie aufbewahrt, ein Zeichen dafür, daß die Bedeutung eines möglichst unveränderlichen Urmaßes erkannt worden war.

Vorschläge, die Längenmaßeinheit der Natur zu entnehmen, stammen schon aus dem 17. Jahrhundert. 1664 schlug HUYGHENS vor, die Länge des Sekundenpendels für die Längeneinheit zu verwenden. 1670 veröffentlichte MOUTON in Lyon den Vorschlag, die Größe der Erde als Grundlage zu benutzen. 1791 legte eine von der französischen Regierung eingesetzte Kommission, der BORDA, LAGRANGE, LAPLACE, MONGE und CONDORCET angehörten, einen Bericht vor, in dem das Sekundenpendel als Längenmaßeinheit abgelehnt und der zehnmillionste Teil des vom Pol zum Äquator gemessenen Erdquadranten als neue Einheit mit dem Namen „das Meter" vorgeschlagen wurde. Ein Teil dieses Bogens, und zwar das Stück von Dünkirchen bis Barcelona, sollte mit irgend einem Maß ausgemessen werden. Nachdem die Assemblée diesen Plan angenommen hatte, wurde die Messung unter den schwierigsten Umständen durchgeführt und das Ergebnis in Einheiten der *Toise du Pérou* angegeben. Ein Meter wurde gleich 443,296 Linien der *Toise du Pérou*, diese zu 864 Linien gerechnet, festgelegt und in einem Platinstab als Endmaß verkörpert, das als „*mètre des archives*" im Jahre 1799 im Conservatoire des arts et métiers in Paris niedergelegt wurde.

Die neue Maßeinheit wurde in Frankreich erst durch das Gesetz vom 4.7.1837 allgemein eingeführt. Der Norddeutsche Bund führte das Meter als Längeneinheit durch Gesetz vom 17.8.1868 ein, Bayern am 29.4.1869. Im neugegründeten Deutschen Reich wurde das Meter am 1.1.1872 allgemein gültiges Längenmaß. Die erste Internationale Konferenz trat im Jahre 1870 in Paris zusammen. Am 20.5.1875 wurde die Convention diplomatique du mètre (*internationale Meterkonvention*) von 17 Staaten unterzeichnet. Dieser Vertrag sah die Gründung eines wissenschaftlichen Instituts, des *Bureau international des poids et mesures* mit dem Sitz in Paris, vor, das alle mit der Schaffung eines internationalen Maßsystems zusammenhängenden Fragen bearbeiten sollte. Es begann seine Tätigkeit am 1.1.1876 in Sèvres bei Paris und besorgte zunächst die Herstellung eines Urmeters, das als Strichmaß aus Platin-Iridium hergestellt wurde, und der Kopien desselben für die Unterzeichnerstaaten der Konvention.

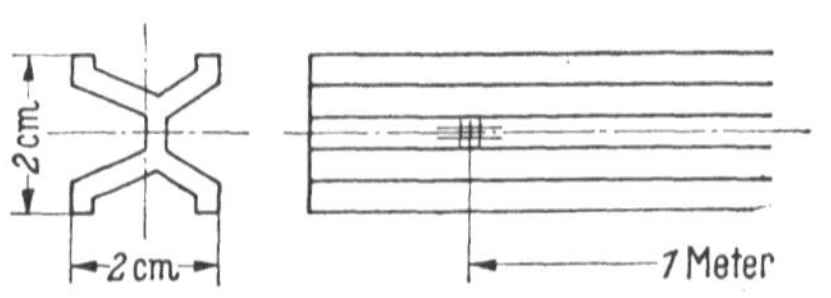

Abb. 1. Prototyp Nr. 18 (Kopie des Pariser Urmeters für das Deutsche Reich). Der Maßstab mit X-förmigem Querschnitt aus Platin-Iridium besitzt zwei Endstriche mit je zwei Hilfsstrichen im Abstand von ± 0,5 mm von ersteren. Zwei Längsstriche im Abstand von 0,2 mm begrenzen die für Meßzwecke verwendete Strecke der Endstriche.

2. Moderne Längenmaßeinheiten. Von den als Kopien des Pariser Urmeters hergestellten Maßstäben erhielt das Deutsche Reich das Prototyp Nr. 18, Abb. 1, das mit dem Internationalen Prototyp in Sèvres so genau wie damals (1889) möglich verglichen worden war. Die der Meterkonvention beigetretenen Staaten erkannten an, daß das Meter definiert wird als der Abstand der Striche des Internationalen Prototyps bei der Temperatur des schmelzenden Eises und bei waagrechter Auflagerung des Stabes an den BESSELschen Punkten (vgl. S. 23).

Die Übertragung der Länge des Prototyps auf andere Strichmaßstäbe ist nur mit Hilfe eines Maßstab-Komparators unter sorgfältigerBeachtung aller notwendigen Vorsichtsmaßnahmen möglich. Da das Prototyp selbst nur die Meterlänge angibt, mußte die Unterteilung in dm usw. noch besonders dargestellt werden. Sowohl die materielle Verkörperung des Meters, das Prototyp, als auch die davon abgeleiteten Maßstäbe und anderen Meßmittel unterliegen im Laufe der Zeit einer Veränderung, die, auch wenn sie noch so gering ist, eine Unsicherheit der Maßgrundlage und der Maßbestimmung bedeutet. Alle diese Mängel des vom Urmeter abhängigen Maßsystems traten um so mehr hervor, je größer die Genauigkeitsanforderungen der industriellen Längenmessungen wurden.

In der Fertigungsmeßtechnik hatte das Parallelendmaß immer mehr das Strichmaß verdrängt. Es ist das Verdienst des ersten Präsidenten der Physikalisch-Technischen Bundes-Anstalt in Braunschweig, Prof. Dr. KÖSTERS, die Messung der Parallelendmaße mit Lichtwellenlängen entwickelt und soweit vervollkommnet zu haben, daß die Festlegung der Lichtwellenlänge als neue Längenmaßeinheit möglich wurde und eine große praktische Bedeutung erlangte. (Beschreibung des KÖSTERSschen Interferenz-Komparators s. Abschnitt 32.) Das Internationale Komitee für Gewichte und Maße, dem Prof. Dr. KÖSTERS als deutsches Mitglied bis zu seinem Tode im Jahr 1950 angehörte, ließ im Jahre 1933 die rote Kadmiumlinie zur Meterdefinition zu.

Nach dem Beschluß der 7. Conférence Générale des Poids et Mesures vom 30. 9. 1927 ist diese Beziehung

$$\lambda \text{ Kadmium rot} = 0{,}64384696\,\mu$$

bei 15° C, 760 mm Luftdruck und 0 mm Luftfeuchtigkeit (trockene Luft). Die Grundlage der Längenmessung metrischer Industriemaße ist daher praktisch nicht mehr das *mètre des archives*, sondern die Lichtwellenlänge. Ob die rote Kadmiumlinie oder die gelbgrüne Kryptonlinie oder eine dritte Linie endgültig für die Meterdefinition festgelegt wird, hängt von den Untersuchungen ab, die in den bedeutendsten staatlichen Instituten laufen. Die 9. Generalkonferenz für Maß und Gewicht im Jahre 1948 beauftragte das Internationale Komitee für Maß und Gewicht mit der Aufstellung eines Entwurfes für ein internationales Einheitengesetz, das in seiner Bedeutung und durch seinen Geltungsbereich die Meterkonvention von 1875 übertreffen wird.

Die Hauptländer, die heute noch am Zoll-System festhalten, sind Großbritannien und die USA. Für allgemeine Zwecke ist das Verhältnis zum metrischen System wie folgt festgelegt: 1 Zoll = 25,4 mm bei einer Bezugstemperatur (Abschnitt 11) von 68° F = 20° C. Bei genauesten Messungen, zu denen auch Endmaßmessungen gehören, ist zu beachten, daß zwischen dem englischen und dem amerikanischen Zoll ein kleiner Unterschied besteht. Zur Zeit des Erscheinens dieses Buches gelten folgende Maßbeziehungen:

1 Meter = 39,370 147 englische Zoll;
1 englischer Zoll = 25,399 956 mm
1 Meter = 39,37 amerikanische Zoll;
1 amerikanischer Zoll = 25,400 050 8 mm

bei einer Bezugstemperatur von 68° F = 20° C.

B. Entwicklung der Längenmeßgeräte.

3. Taster und Lehren. In früheren Zeiten, als man noch keine Serien- oder gar Massenfertigung kannte und jedes Stück eine Einzelfertigung darstellte, kam

es auf das wirkliche Maß einer Länge, ausgedrückt in Längenmaßeinheiten, nicht
an, sondern hauptsächlich auf das Maßverhältnis zu anderen Längen oder Gegen-
stücken. Um die vier Räder eines Wagens gleich groß zu machen, wurden sie mit
einer Meßlatte, also einer Art „Lehre", miteinander verglichen. Zum Messen von
Wellen verwendete man Außentaster, Abb. 2, und zum Messen von Bohrungen
Innentaster, Abb. 3, wie
sie auch heute noch ge-
legentlich verwendet wer-
den. Der Spitzzirkel, Abb. 4,
war ebenfalls ein beliebtes
Meßmittel, mit dem man
die am Werkstück abge-
nommenen Längen an einem
Maßstab bestimmen konnte.
Häufig wurde eine be-
stimmte Länge als Abstand
der Endflächen eines Stabes,

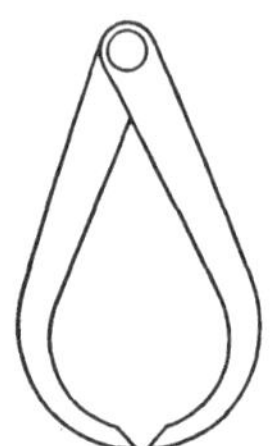

Abb. 2. Außentaster.
Zum Abnehmen von
Außenmaßen (z. B.
Wellendurchmesser).

Abb. 3. Innentaster.
Zum Abnehmen von
Innenmaßen (z. B.
Bohrungsdurchmesser).

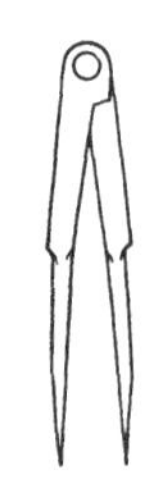

Abb. 4. Spitzzirkel.
Zum Übertragen
von Strichabständen.

also als Endmaß oder Stichmaß, dargestellt. Die Ausbildung dieser Endmaße als
Parallelendmaße und ihre Verfeinerung (Abschnitt 13) ermöglichten ihre heutige
Verwendung als Grundlage des industriellen Längenmeßwesens.

4. Geräte mit Maßablesung. Das älteste Längenmeßmittel mit Maßablesung
ist der Strichmaßstab, der sich in seiner grundsätzlichen Ausführung nicht geändert
hat und heute seine Vorgänger nur durch die Genauigkeit übertrifft (Abschnitt 16).
Zur genaueren Ablesung eines Strichmaßstabes wurde schon im 17. Jahrhundert
der Nonius (Abschnitt 17) verwendet. Schon frühzeitig wurde der Maßstab mit
Meßschenkeln nach Art eines Stangenzirkels versehen und als „Kalibermaßstab"
zum Messen mittels Spitzen oder mit parallelen Meßflächen wie eine Schieblehre
benutzt. Während man sich noch zu Anfang dieses Jahrhunderts große Mühe
gab, die inneren Teilungsfehler einer Maßstabteilung, das sind die Unterschiede
der einzelnen Teilungsintervalle unter sich, zu bestimmen, braucht man heute
infolge der durchschnittlich besseren Genauigkeit nur die Fehler zu ermitteln,
die die einzelnen Teilungsstriche gegenüber ihrer Sollage zum Nullstrich haben.

Mit Rücksicht auf das menschliche Auge soll der Strichabstand eines Gerätes oder einer Skala mindestens 0,8 mm
betragen.

Taster mit Maßangabe wurden mit einer einfachen Hebelübersetzung ausgeführt, Abb. 5. Die Genauigkeit dieses scheren-
artigen Gerätes ist etwa mit $1/_{10}$ mm anzusetzen. Es wird heute
noch für untergeordnete Zwecke verwendet.

Die Anwendung einer Schraubenspindel zu Meßzwecken
findet sich schon im 16. Jahrhundert und ist auch frühzeitig
als Okularmikrometer an Mikroskopen zu verzeichnen. Das
heutige Mikrometer (Abschnitt 21) stammt aus der Mitte
des vorigen Jahrhunderts und wurde in Europa und Amerika zu

Abb. 5. Taster mit
Hebelübersetzung
(Zehntelmaß).

gleicher Zeit entwickelt. Die mit ihm leicht zu erreichende Ablesung von $1/_{100}$ mm
war für lange Zeit die Grenze der üblichen Meßgenauigkeiten. Um die Genauigkeit des Mikrometers zu erhöhen, stellte man zeitraubende Untersuchungen über
fortschreitende und periodische Fehler der Meßspindel an (Abschnitt 20). Die
Genauigkeiten der heutigen Spindelgewinde erlauben eine wesentliche Verein-
fachung der Spindelprüfung.

Eines der ältesten Längenmeßgeräte ist der Maßstab-Komparator (Abschnitt 18), der zum Vergleich der Gebrauchsmaßstäbe mit einem Urmaßstab benötigt wurde und daher früher eine wichtige Rolle spielte. Sämtliche Meßgeräte, die in den Kapiteln IV und V beschrieben sind, entstanden erst seit Beginn dieses Jahrhunderts, zum Teil erst in den letzten zwanzig Jahren.

II. Theoretische Grundlagen.

Die Entwicklung der Längenmeßtechnik zu immer höheren Meßgenauigkeiten war nur dadurch möglich, daß ihre theoretischen Grundlagen erforscht und die gewonnenen Erkenntnisse beim Bau der Geräte sowohl als auch bei der Ausführung der Längenmessungen berücksichtigt wurden. Es ist daher wichtig, die grundsätzlichen Fragen, die in der einen oder anderen Form immer wiederkehren, in einer kurzen Zusammenstellung zu betrachten, die nicht erschöpfend ist, sondern nur einen Überblick geben kann.

A. Begriffe.

Die in DIN 1319 niedergelegten „Grundbegriffe der Meßtechnik" gelten auch für Längenmessungen und Längenmeßgeräte. Die wichtigste Frage ist die nach der Genauigkeit, wobei man zwischen der Genauigkeit des Gerätes und der Genauigkeit der Messung, also des Meßergebnisses, wohl unterscheiden muß. Da die Genauigkeit um so größer ist, je kleiner die zu ihrer Kennzeichnung verwendete Zahl ist, empfiehlt der Ausschuß für Einheiten und Formelgrößen (AEF) im Deutschen Normenausschuß, bei zahlenmäßigen Angaben die Ausdrücke „Unsicherheit" und „Fehlergrenzen" zu verwenden.

5. Genauigkeit der Messung. Die zu messende Länge wird Meßgröße genannt; der gemessene Wert der Meßgröße ist der Meßwert. Der wahre Wert einer Meßgröße ist niemals bekannt, weil der Meßwert stets mit Fehlern behaftet ist. Man kann daher kein absolut genaues Maß angeben, sondern kann nur die Fehlergrenzen nennen, in denen das wirkliche Maß liegt.

Die bei einer Messung auftretenden Fehler werden in zufällige und systematische Fehler eingeteilt. Letztere sind im System begründet und werden auf Fehler der Meßgeräte, deren falsche Aufstellung oder Benutzung u. ä. zurückgeführt. Sie können durch Nachprüfen mit anderen Meßverfahren oder andersartigen Meßgeräten bestimmt und in Fehlertafeln festgelegt werden. Die zufälligen Fehler sind keine Fehler des Meßgerätes, sondern Fehler am Meßergebnis. Sie können bei einer Messung positiv, bei der nächsten negativ sein und rühren z. B. von nicht gleichbleibenden persönlichen Fehlern des Beobachters oder irgendwelchen äußeren Einflüssen her. Sie sind die Ursache der Unterschiede der Meßwerte, die bei mehreren Messungen mit dem gleichen Meßgerät am gleichen Prüfling zu bemerken sind.

Diese Unterschiede, die also die zufälligen Fehler darstellen, werden durch die *Ausgleichsrechnung* so ausgewertet, daß ein Meßergebnis vorliegt, dessen Genauigkeit in bestimmten Grenzen angegeben werden kann. Das wird um so besser erreicht, je größer die Zahl der Beobachtungen ist. Der wahrscheinlichste Wert ist das arithmetische Mittel aus den Einzelwerten, der Durchschnitt. Aus den Abweichungen der Einzelwerte vom Durchschnitt wird die mittlere Abweichung, *Streuung* genannt, errechnet. Außerdem wird hieraus der mittlere Fehler des Durchschnitts errechnet. Werden die Einzelbeobachtungen mit $B_1 \cdots B_n$ bezeichnet, die Abweichungen derselben vom Durchschnitt mit $f_1 \cdots f_n$, dann gilt nach der Ausgleichsrechnung:

$$\text{Durchschnitt } D = \frac{\Sigma B}{n}$$

$$\text{Streuung } \sigma = \pm \sqrt{\frac{\Sigma f^2}{n-1}}$$

$$\text{mittlerer Fehler des Durchschnitts } \sigma_D = \pm \sqrt{\frac{\Sigma f^2}{n\,(n-1)}} = \pm \frac{\sigma}{\sqrt{n}}.$$

Diese aus dem GAUSSschen *Fehlergesetz* abgeleitete Rechnung, auch „Methode der kleinsten Quadrate" genannt, kann nur dort angewendet werden, wo eine große Anzahl von Einzelmessungen (am gleichen Prüfling mit dem gleichen Meßgerät) vorliegt.

Da die Längenmessungen in den Werkstätten, Prüfabteilungen und Feinmeßräumen der Industrie jeweils nur eine kleine Anzahl von Einzelmessungen umfassen, kann die Berechnung der Streuung und des mittleren Fehlers des Durchschnitts in diesen Fällen nur selten angewendet werden [*1*][1]. Für diese Längenmessungen und Längenmeßgeräte kann eine Fehlergleichung angegeben werden, die die Summe aller Einzelfehler, der zufälligen und der systematischen, darstellt. Da bei Längenmeßgeräten die Einzelfehler entweder konstante oder von der Meßlänge L abhängige Größen sind, hat die Fehlergleichung die Form $f = a + b \cdot L$ [*2*]. Sie kann bei der Genauigkeit von einfachen Meßmitteln, z. B. Endmaßen (s. DIN 861), als auch bei der Meßgenauigkeit von Geräten, z. B. Meßmikroskopen, angewendet werden.

Wie schon erwähnt, können für systematische Fehler von Meßgeräten Fehlertafeln aufgestellt werden. Es gilt

Fehler = Istwert minus Sollwert.

Die Berichtigung oder Korrektion hat das umgekehrte Vorzeichen des Fehlers:

Korrektion = — Fehler.

6. Eigenschaften der Längenmeßgeräte. Die Angabe der *Genauigkeit* eines Meßgerätes geschieht am besten durch eine Fehlergleichung von der Form $f = a + b \cdot L$. Der lineare Verlauf derselben ist hauptsächlich dadurch bedingt, daß die für Längenmessungen besonders wichtigen Wärmedehnungen und gewisse elastische Verformungen in den hier vorliegenden Temperaturgrenzen der Meßlänge L verhältnisgleich sind.

In dieser Fehlergleichung sind auch die Ablesefehler enthalten, die als zufällige Fehler beim Ablesen der Anzeige eines Meßgerätes auftreten. Der *Skalenwert* oder Teilungswert eines Meßgerätes, das ist der Meßwert für einen Teilstrichabstand, wird oft „Ablesegenauigkeit" genannt. Diese Bezeichnung ist irreführend, weil die Ablese*möglichkeit* noch nichts über die Genauigkeit aussagt. Völlig falsch ist es, diese Ablesemöglichkeit als Meßgenauigkeit des Gerätes anzusehen. Die wirkliche „Ablesegenauigkeit" sind die Ablesefehler, die beim Ablesen gemacht werden.

Nach DIN 1319 ist die Empfindlichkeit eines Meßgerätes das Verhältnis von Änderung der Anzeige zu Änderung der Meßgröße. Bei Längenmeßgeräten wird dieses Verhältnis auch *Übersetzung* genannt. Es hat eine große Bedeutung für

---

[1] Die Zahlen in eckigen Klammern verweisen auf das Schrifttum. Zusammenstellung desselben s. S. 66.

anzeigende Längenmeßgeräte (Kapitel IV), für die es neben anderen als Unterscheidungsmerkmal verwendet wird.

Da viele Meßgeräte auf verschiedene Längen eingestellt werden können und dann die Abweichung des Prüflings von dem eingestellten Maß anzeigen, muß zwischen *Meßbereich* und *Anzeigebereich* unterschieden werden. Der Meßbereich ist die größte Länge, die auf dem betr. Gerät eingestellt und gemessen werden kann. Der Anzeigebereich ist der Meßbereich des Anzeigeinstrumentes, das die Abweichungen von dem eingestellten Maß anzeigt.

Bei den meisten Längenmessungen findet eine Berührung zwischen einem Meßelement des Meßgerätes und der Oberfläche des Prüflings statt. Hierzu ist eine Kraft erforderlich, die *Meßkraft*, die von großer Bedeutung für die Meßgenauigkeit ist. Ihre Auswirkungen sind im Abschnitt 7 beschrieben. Das sog. „*Meßgefühl*" ist nichts anderes als eine unbestimmte Meßkraft, deren Größe dem Gutdünken der messenden Person überlassen ist und deshalb Schwankungen unterliegt. Da Schwankungen der Meßkraft Streuungen der Meßergebnisse verursachen, soll stets mit einer genau definierten Meßkraft gearbeitet werden. Bei Messungen mit untergeordneter Genauigkeit (z. B. Schieblehre) kann hiervon abgewichen werden.

Wenn die Anzeigerichtung im Verlauf einer Messung von steigenden Meßwerten auf fallende oder umgekehrt wechselt, dann muß die *Umkehrspanne* des Meßgerätes beachtet werden. Sie ist die Differenz derjenigen Anzeigen, die bei Annäherung in verschiedenen Richtungen an dieselbe Meßgröße als Meßwert beobachtet werden.

B. Mechanische Grundlagen.

Messen bedeutet „Maß nehmen" am Prüfling. In den meisten Fällen ist mit diesem „Maß nehmen" eine mechanische Berührung zwischen Meßgerät und Prüfling verbunden. Diese Berührung kommt durch eine Kraftwirkung zustande, die „Meßkraft" genannt wird. Durch die Meßkraft werden am Prüfling und am Meßgerät *Formänderungen* hervorgerufen, die innerhalb bestimmter Grenzen bleiben müssen, andernfalls sie unzulässige Meßfehler darstellen. Diese Formänderungen dürfen auf keinen Fall bleibende Formänderungen sein, sondern müssen rein elastischer Art sein. Dasselbe gilt für die Formänderungen, die durch das Eigengewicht von Meßgerät und Prüfling entstehen.

Findet zwischen den sich berührenden Flächen von Meßgerät und Prüfling eine Bewegung statt, so tritt Reibung und damit *Abnutzung* auf. Die innerhalb des Meßgerätes zwischen seinen sich bewegenden Konstruktionsteilen vorhandene Reibung, die man möglichst klein zu machen sucht, um die Streuung der Meßergebnisse klein zu halten, sei hier nur erwähnt.

7. Formänderungen. Die unvermeidlichen Formänderungen werden entweder durch ausreichende Bemessung der betr. Teile in bestimmten Grenzen gehalten, oder sie werden berechnet und beim Meßergebnis berücksichtigt. Die zulässige Größe der Formänderungen hängt von den jeweiligen Genauigkeitsanforderungen ab. Die hauptsächlich in Betracht kommenden Kraftwirkungen im festigkeitstheoretischen Sinn sind Druck und Biegung.

a) Formänderungen durch Druck. — Durch den Druck tritt eine Verkürzung des gedrückten Körpers und eine Verformung der Oberfläche ein. Ist die Oberfläche nicht eben, sondern gewölbt, z. B. zylindrisch oder kugelförmig, dann tritt eine Abplattung der Fläche (in diesem Falle einer Raumfläche) auf.

Da die *Verkürzung* durch Druck direkt proportional der Länge ist, wird sie um so wichtiger, je größer die Meßlänge ist. Beim Vergleich mit Endmaßen ist nur die Differenz der Verkürzungen von Endmaßen und Prüfling zu berücksichtigen. Die Verkürzung wird nach den Regeln der Elastizitätslehre errechnet aus Meßkraft, Meßlänge, Querschnitt und Elastizitätsmodul. Ist nicht die Meßkraft, sondern das Eigengewicht die Ursache der Verkürzung, so muß die Rechnung dementsprechend durchgeführt werden.

Bei der *Abplattung* von Flächen werden verschiedene Berührungsfälle unterschieden, und zwar

1. Ebene gegen Kugel.
2. Ebene gegen Zylinder.
3. Kugel gegen Kugel.
4. Zylinder gegen Zylinder,
    a) bei parallelen Zylinderachsen,
    b) bei gekreuzten Zylinderachsen.
5. Kugel gegen sonstige Flächen (z. B. Schraubenfläche).
6. Zylinder gegen sonstige Flächen (z. B. Schraubenfläche).

Unter Abplattung versteht man die Annäherung, die die unter Kraftwirkung stehenden beiden Körper, denen die Berührungsflächen angehören, zueinander vornehmen. Sie kann für die einfachen Berührungsfälle nach den HERTZschen Gleichungen berechnet werden; für Sonderfälle sind Angaben im Schrifttum [3] zu finden.

b) Formänderungen durch Biegung. — Bei der Berechnung der Durchbiegungen liegt Belastung durch eine Einzelkraft, die Meßkraft und eine der Form des Konstruktionsteiles entsprechende Belastung durch das Eigengewicht vor. Die häufigsten Auflagerfälle sind einseitig eingespannte Träger oder Träger mit zwei Unterstützungen. Durch geeignete Wahl der Unterstützungspunkte kann man die für die jeweiligen Fälle günstigsten Durchbiegungen erreichen. Z. B. muß ein langes Endmaß so unterstützt werden, daß die beiden Endflächen (Meßflächen) trotz der Durchbiegung ihre parallele Lage behalten. Dies wird erreicht, wenn jeder der beiden Unterstützungspunkte um 0,2113 der gesamten Endmaßlänge von den Enden entfernt angeordnet wird. Bei der Unterstützung eines Lineals in zwei Punkten muß die geringste Durchbiegung angestrebt werden, die dann vorhanden ist, wenn die Durchbiegung an den Enden gleich der in der Mitte ist und die Unterstützungspunkte um 0,22315 der Gesamtlänge von den Enden entfernt sind.

Ist die Berechnung einer Durchbiegung zu verwickelt, dann führt der Durchbiegungsversuch mit verschiedenen Belastungen zum gewünschten Ziel.

8. Abnutzung. Durch die Abnutzung wird die geometrische Form der Meßflächen eines Meßgerätes und ihre maßlich bestimmte Lage verändert. Da die Abnutzung infolge verschiedener Einflüsse nicht gleichmäßig verläuft, bekommt z. B. eine ebene Fläche eine hohle oder gewölbte Form. Abgenutzte Meßflächen geben Veranlassung zu Meßfehlern, ebenso wie abgenutzte Führungsbahnen; sie müssen nachgearbeitet und ihre Lage muß neu eingestellt werden.

Abnutzung an den Meßflächen eines Meßgerätes hat zur Voraussetzung, daß eine relative Bewegung der sich berührenden Flächen und damit *Reibung* vorhanden ist. Man vermeidet daher beim Messen nach Möglichkeit eine Bewegung der Meßfläche auf dem Prüfling. Ein deutliches Beispiel dafür, was man aus diesem Grunde nicht tun soll, ist das Messen eines sich drehenden Werkstückes mit der Schieblehre. Eine andere Maßnahme zur Vermeidung der Abnutzung besteht in der

Verminderung der Reibung. Das ist z. B. bei denjenigen pneumatischen Längenmeßgeräten durchgeführt, bei denen an die Stelle der mechanischen Berührung die Berührung durch einen Luftstrom tritt.

Die genannte Reibung ist jedoch in vielen Fällen nicht zu umgehen, so daß mit einer Abnutzung gerechnet werden muß. Um sie möglichst klein zu halten, werden für die Meßkörper Werkstoffe mit hohem *Abnutzungswiderstand* gewählt [*4, 5*]. Es sind dies hauptsächlich besonders legierte Werkzeugstähle, Hartchromschichten, Hartmetalle oder Mineralien (z. B. Achat). Doch hat die Abnutzungsfrage bei den Meßgeräten, die meistens irgendeine Einstellmöglichkeit haben, nicht dieselbe große Bedeutung wie bei den festen Lehren, deren Lebensdauer von ihrem Abnutzungswiderstand abhängt.

Nicht nur die Meßflächen, auch alle anderen bewegten Flächen eines Meßgerätes, an denen Reibung vorhanden ist, unterliegen der Abnutzung. Sie müssen daher in gewissen Zeitabständen überprüft und, wenn nötig, nachgearbeitet werden, um die Genauigkeit des Gerätes aufrechtzuerhalten.

C. Geometrische Grundlagen.

Die industrielle Längenmeßtechnik hat es fast nur mit Körpern zu tun, deren Sollform geometrisch genau definiert ist. Beim Aufzeichnen eines Konstruktionsteiles mit Lineal und Zirkel entstehen nur Gerade und Kreisbögen und die Verbindung beider. Treten besondere Kurven auf, so folgt ihr Verlauf einem mathematischen Gesetz (Beispiel: Evolvente).

Die geometrischen Lagebeziehungen zwischen Meßgerät und Prüfling müssen klar erkannt sein, um Meßfehler zu vermeiden. Da die geometrische Form des Prüflings manchmal in bestimmter Weise von seiner Sollform abweicht, muß das Meßverfahren dafür geeignet sein, diese Abweichung zu erkennen und zu messen.

9. Geometrische Lagebeziehungen. Am sichersten werden geometrische Meßfehler vermieden, wenn die Methode der *Substitution* angewendet wird. Das ist z. B. der Fall, wenn ein Meßgerät mit Endmaßen eingestellt wird und danach der Prüfling an die Stelle der Endmaße tritt. Hierbei können keine Lagefehler von weiterbewegten Meßschlitten oder ähnliches auftreten. Da die Endmaße mit sehr großer Genauigkeit hergestellt werden können, erreicht man mit dieser Meßmethode auch eine hohe Meßgenauigkeit.

Kann die Methode der Substitution nicht angewandt werden, insbesondere beim Vergleichen mit Strichmaßstäben, dann sollte der ABBEsche *Grundsatz* eingehalten werden, der von ERNST ABBE im Jahre 1890 aufgestellt wurde und der verlangt, daß „die zu messende Strecke die geradlinige Fortsetzung der als Maßstab dienenden Teilung bildet" [*6*]. Beide sollen also in einer Achse hintereinander angeordnet werden. Die dabei durch etwaiges Kippen eines Meßschlittens hervorgerufenen Meßfehler, die von dem verhältnismäßig kleinen Kippungswinkel φ abhängen, sind gleich $\frac{L}{2} \cdot \varphi^2$; $L = $ Meßlänge. Da $\varphi \ll 1$ ist, sind die Meßfehler sehr klein und in den meisten Fällen vernachlässigbar. Sie werden Fehler zweiter Ordnung genannt. Ein Beispiel für die Verwirklichung des ABBEschen Grundsatzes ist der ABBEsche Dickenmesser, der in Abschnitt 31 beschrieben ist. Auch das Bügelmikrometer (Abschnitt 21), bei dem die Meßspindel den Maßstab darstellt, genügt dem ABBEschen Grundsatz.

Die Meßflächen oder Meßkörper, die als Element des Meßgerätes den Prüfling berühren, müssen in ihrer Form der Gestalt des Prüflings entsprechen. Ist der Prüfling zylindrisch oder kugelig, dann verwendet man ebene Meßflächen. Ist der

Prüfling eben, dann ist die Meßfläche meistens kugelig. Beim Messen von Gewinden verwendet man kegelförmige, zylindrische und kugelige Meßkörper. Ist die Berührung zwischen Prüfling und Meßkörper infolge von Formfehlern des einen oder anderen nicht eine genaue geometrische Beziehung entsprechend der gewollten geometrischen Deckung, dann spricht man von *Berührungsfehlern.*

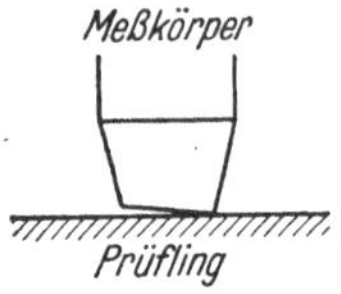

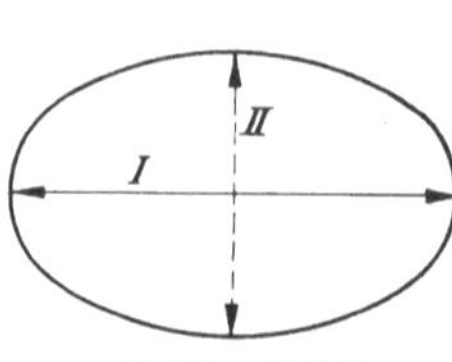

Abb. 6. Berührungsfehler. Keine geometrische Deckung von ebener Prüflingsfläche und ebener Meßfläche

Ein solcher Berührungsfehler in einfachster Form liegt z. B. dann vor, wenn eine ebene Meßfläche die ebene Prüflingsfläche schief berührt, Abb. 6. Besonders bei der mechanischen Messung von Gewinden ist auf Berührungsfehler zu achten. Sie können hauptsächlich durch einwandfreie geometrische Form der Meßkörper vermieden werden. In manchen Fällen können allerdings Berührungsfehler, die durch Formfehler des Prüflings entstanden sind, nicht beseitigt werden. Dann muß die Meßgenauigkeit entsprechend geringer angesetzt werden, nachdem man sich über die geometrische Form des Prüflings Klarheit verschafft hat.

10. Geometrische Form des Prüflings. Die in einer Zeichnung dargestellte Form eines Werkstückes gibt seine ideale Form wieder. Das praktisch ausgeführte Stück weicht nicht nur in seinen Abmessungen, sondern auch in der geometrischen Form mitunter wesentlich von dem Ideal ab. Eine ebene Fläche nähert sich erst dann der idealen Ebene, wenn sie endmaßmäßig geläppt ist. Nach anderen Bearbeitungsarten hat sie Rauhigkeiten, Unebenheiten, Welligkeit usw., die im einzelnen Fall entweder erträglich oder unzulässig groß sind. Die in das Gebiet der Oberflächenkunde gehörende Rauhigkeit sei nicht weiter verfolgt; es interessieren hier die geometrischen Abweichungen der Grobgestalt (nach DIN 4760). Diese Abweichungen beeinflussen die Meßverfahren. Eine Fläche muß bei der Prüfung auf Ebenheit in mindestens 2 Richtungen, die etwa senkrecht zueinander stehen sollen, geprüft werden. Zylindrische Teile, Wellen oder Bolzen, können in ihrem Querschnitt an verschiedenen Stellen von der Kreisform und außerdem in der Achsenrichtung von der geraden Zylinderform abweichen. Da man die Kreisform meistens durch Messen des Durchmessers prüft, muß man unterscheiden zwischen Abweichungen, die mit zwei parallelen Meßflächen (z. B. Schieblehre, Mikrometer) gemessen werden können und solchen, die sich einer solchen Messung entziehen. Liegt statt der genauen Kreisform ein *Oval* vor, Abb. 7, dann kann man den

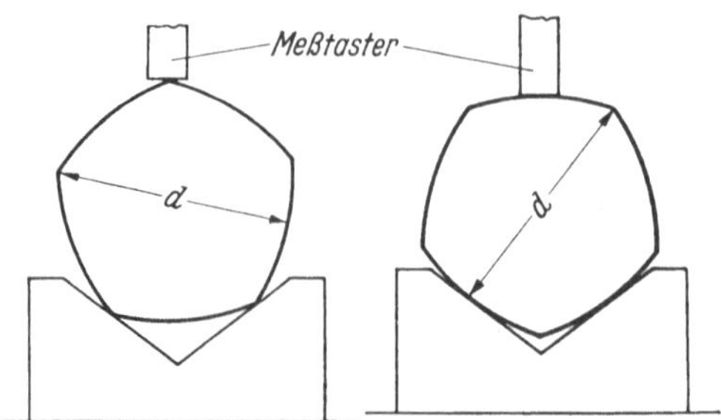

Abb. 7. Querschnittsform Oval statt Kreis. Durchmesserunterschiede feststellbar mit Meßgerät mit parallelen Meßflächen (z. B. Mikrometer).

Abb. 8. Querschnittsform Gleichdick statt Kreis. Durchmesserunterschiede feststellbar mit Meßgerät mit Dreipunktanlage (z. B. Auflage im Prisma).

größten und kleinsten Durchmesser desselben mit parallelen Meßflächen bestimmen. Hat man dagegen ein *Gleichdick* [7], dessen Seitenzahl in den allermeisten Fällen unbekannt ist, dann muß die Messung mittels Prisma vorgenommen werden, Abb. 8 (s. auch Abschnitt 25), und zwar auch schon dann, wenn zu vermuten ist, daß die Gleichdickform vorhanden ist. Dasselbe gilt für die negative Kreis- und Zylinderform, die Bohrung.

Bei vielen Werkstücken wird eine wichtige geometrische Eigenschaft oft nicht beachtet: die *Symmetrie*. Sie ist gekennzeichnet durch eine Achse, auf die mehrere Teilstücke, z. B. Zylinder, bezogen sind. Es genügt dann nicht, die Maße der einzelnen Teilstücke zu bestimmen; es muß ihre gegenseitige Lage bzw. die zu der gemeinsamen Achse geprüft werden.

Diese Fragen des Einflußes der geometrischen Form hängen eng mit den Maß-angaben und der Tolerierung eines Werkstückes zusammen [8]. Für die Längen-messung sollen sie deutlich machen, daß zur Bestimmung der wirklichen Gestalt eines Werkstückes ein einzelnes Maß nicht ausreicht, sondern daß stets mehrere Maße und ihr Verhältnis zueinander in Betracht gezogen werden müssen.

D. Wichtige physikalische Grundlagen.

11. Thermische Grundlagen. Da das Volumen der Stoffe und besonders der Metalle bei steigender Temperatur größer, bei fallender kleiner wird, ist es außer-ordentlich wichtig, ein Einvernehmen über diejenige Temperatur herbeizuführen, bei der die Länge der Längeneinheit als richtig angesehen wird. Diese Temperatur wird *Bezugstemperatur* genannt und hat manche Wandlung erfahren. Bei der Fest-legung des mètre des archives wurde aus rein theoretischen Gründen die Bezugs-temperatur 0° C gewählt. Als man später bemerkte, daß diese Temperatur für das Messen unpraktisch ist, wollte man zu 15° C übergehen. Heute ist in den Län-dern mit metrischem Maßsystem die Bezugstemperatur 20° C; in Deutschland ist diese für Meßwerkzeuge und Werkstücke in DIN 102 festgelegt. In den Ländern mit Zollsystem, USA und Großbritannien, ist die Bezugstemperatur 68° F = 20° C für das industrielle Meßwesen. Über die Bezugstemperatur besteht also heute glücklicherweise in den meisten Ländern eine wichtige Übereinstimmung.

Durch die *Wärmeausdehnung* der Stoffe und die Unterschiede der Wärme-ausdehnungszahlen wird es erforderlich, den Temperaturverhältnissen bei der Längenmessung besondere Beachtung zu schenken. Hat der Prüfling dieselbe Wärmeausdehnungszahl wie das Maß, mit dem er verglichen wird (Endmaß, Strichmaßstab usw.), dann kann auch bei Temperaturen, die von der Bezugs-temperatur 20° C abweichen, kein thermisch bedingter Meßfehler auftreten, wenn Prüfling, Einstellmaß und Meßgerät die gleiche Temperatur haben, wenn also zwischen ihnen keine Temperaturunterschiede vorhanden sind. Besteht jedoch zwischen Prüfling und Einstellmaß ein Temperaturunterschied Δt, dann tritt ein Meßfehler $f = \Delta t \cdot \alpha \cdot L$ auf, wobei α die Wärmeausdehnungszahl und L die Meßlänge ist.

Hat der Prüfling eine andere Wärmeausdehnungszahl als das Einstellmaß (Beispiel: Prüfling aus Leichtmetall, Einstellmaß aus Stahl), dann entstehen auch schon Meßfehler, wenn die Meßtemperatur von der Bezugstemperatur 20°C abweicht. Sind außerdem noch Temperaturunterschiede zwischen Einstellmaß und Prüfling vorhanden, dann können erhebliche thermisch bedingte Meßfehler auftreten. Sind die Temperaturabweichungen von 20°C Δt_1 und Δt_2 und die Wärmeausdeh-nungszahlen α_1 und α_2, dann ist für die Meßlänge L der Meßfehler

$$f = (\Delta t_1 \cdot \alpha_1 - \Delta t_2 \cdot \alpha_2) \cdot L .$$

Aus dem Dargelegten ergeben sich verschiedene Nutzanwendungen für die Praxis des Messens. Zunächst ist darauf zu achten, daß Prüfling und Einstellmaß möglichst gleiche Temperatur haben. Dies wird dadurch erreicht, daß man beide zusammen auf einer metallischen Unterlage temperieren läßt. Die hierfür erforder-

liche Zeit richtet sich nach der Masse des einzelnen Stückes und den auszugleichen-
den Temperaturunterschieden und schwankt für übliche Teile zwischen 4 und
24 Stunden. Wird ohne Verwendung eines Einstellmaßes gemessen, so muß das
Meßgerät die gleiche Temperatur wie der Prüfling haben. Im ersteren Falle (Einstellung mit Einstellmaß) ist dies von geringerer Bedeutung, vorausgesetzt, daß
während des Messens keine Temperaturveränderungen eintreten. Es ist sehr wichtig, daß die einzelnen Teile keine Temperaturunterschiede an sich selbst aufweisen,
was auch bei ungenügendem Temperieren der Fall sein kann.

Des weiteren ist zu beachten, daß für Längenmeßgeräte Leichtmetall nur mit
besonderer Vorsicht angewendet werden kann. Wenn auch der Leichtbau er-
wünscht ist, so darf er meistens nicht durch die Verwendung von Leichtmetall,
sondern muß durch konstruktive Maßnahmen erzielt werden [9]. Dies gilt nicht,
wenn die zu messenden Teile selbst aus Leichtmetall bestehen.

12. Optische Grundlagen. Wenn hier von optischen Grundlagen der Längenmessung gesprochen wird, so sind nicht die bei der Konstruktion der Meßgeräte
angewandte geometrische Optik oder der Aufbau der optischen Systeme [10]
gemeint, sondern nur diejenigen optischen Fragen, die bei der *Benutzung* der
Geräte wichtig sind. Bei allen maßanzeigenden Geräten hat der Benutzer eine
Ablesung des angezeigten Maßes vorzunehmen, sei es mit bloßem Auge oder mit
Hilfe einer optischen Einrichtung (Mikroskop.)

Mit bloßem Auge werden Maßstabteilungen und die Stellung eines Zeigers
an einer Skala abgelesen. Zur Maßstabablesung wird ein einfacher Strich oder der
Strich eines Nonius (Abschnitt 17) verwendet. Bei diesen Ablesungen ist darauf
zu achten, daß die *Parallaxe* vermieden wird. Liegen beide Striche in einer Ebene,
Abb. 9, dann erscheint die gegenseitige Lage der Striche immer gleich, in welcher
Blickrichtung man sie auch betrachtet. Ge-
hören sie dagegen ver-
schiedenen Ebenen an,
Abb. 10, wie es z. B. bei
Schieblehren der Fall ist,
dann sieht das beobach-
tende Auge einen ver-
schieden großen Ab-
stand der Striche, je
nachdem in welcher
Blickrichtung die Ab-

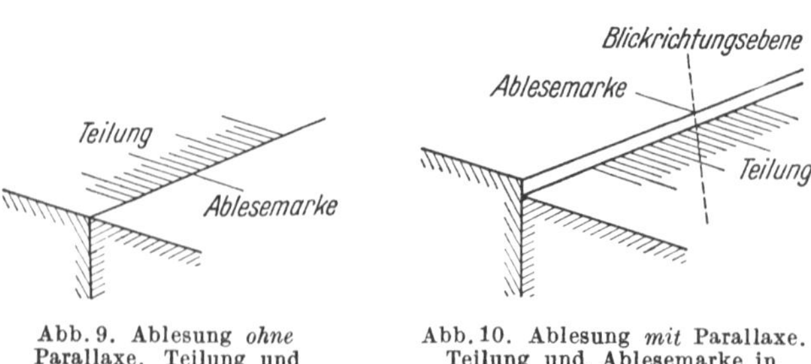

Abb. 9. Ablesung *ohne*
Parallaxe. Teilung und
Ablesemarke in der gleichen
Ebene.

Abb. 10. Ablesung *mit* Parallaxe.
Teilung und Ablesemarke in
verschiedenen Ebenen. Blickrichtung
schräg zum Strich.

lesung vorgenommen wird. Bewegt man das Auge gegenüber den Strichen, so
scheinen sie gegeneinander zu wandern. Man muß deshalb bei der Ablesung
die Blickrichtung mit der Richtung der Striche zusammenfallen lassen. Dies gilt
auch dann, wenn mit einer Lupe abgelesen wird.

Dieselbe Erscheinung der Parallaxe tritt auch bei der Ablesung einer Skala
mit einem Zeiger auf. Da der Zeiger stets einen gewissen Abstand von der Skala
hat, liegt er in einer anderen Ebene als diese. Um nicht eine schiefe Projektion
des Zeigers auf der Skala zu erhalten, muß man in senkrechter Richtung zur Skala
den Zeiger und die Skalastriche beobachten (daher die Anordnung eines Spiegels
für den Zeiger an der Skala elektrischer Meßgeräte).

Bei der Ablesung eines Maßstabes mit einem Mikroskop oder beim Vergleich
einer Prüflingsform mit der Strichzeichnung eines Mikroskopokulares ist die
Parallaxe durch geeignete Anordnung der Optik vermieden. Das Einstellen des
Mikroskopes auf richtige Schärfe wird wie folgt durchgeführt: Zunächst wird
das Okular auf die Strichzeichnung der Okularstrichplatte scharf eingestellt,

indem man es aus seiner äußersten Stellung langsam hineinschraubt und stehen läßt, sobald die Striche scharf erscheinen. Dann wird durch Auf- und Abbewegen des ganzen Mikroskoptubus das Objektiv auf den Prüfling scharf eingestellt, wobei an dem Okular nichts mehr verstellt wird.

Das Messen eines Istmaßes ist stets mit einer Ablesung verbunden, die von der Güte und der Übung des menschlichen Auges abhängt. Auch bei der Beobachtung an optischen Meßgeräten sind die Eigenschaften des Auges wichtig, was bei Beobachtungsunterschieden berücksichtigt werden muß.

III. Elementare Meßmittel.

Für die Ausführungen von Längenmessungen benötigt man nicht immer umfangreiche Geräte, sondern kann in vielen Fällen mit einfachen Meßmitteln auskommen. Im Laufe der Entwicklung der gewerblichen und wissenschaftlichen Längenmeßtechnik wurden die Meßmittel verfeinert, die Genauigkeit erhöht und neue Verfahren und Geräte eingeführt; unzureichende Verfahren und Geräte verschwanden. Es gibt jedoch eine Anzahl von Meßmitteln, die seit den Anfängen der Längenmeßtechnik ihren Platz behaupten und auch heute noch eine wichtige Rolle spielen. Sie seien „*elementare Meßmittel*" genannt. Zu ihnen gehören in erster Linie die Endmaße, die als Parallelendmaße (mit planparallelen Endflächen) von überragender Bedeutung sind. Ferner zählen dazu die Strichmaße, deren häufigste Anwendung die Schieblehre darstellt. Elementare Meßmittel sind auch die Meßschrauben, die ein Gewinde als Maßträger verwenden. Und endlich gehören dazu die Lineale und Platten, die dazu dienen, eine genaue Gerade oder Ebene zu verkörpern. Diese elementaren Meßmittel können für sich als Endmaß, Maßstab, Mikrometer usw. auftreten, sie können aber auch in ein Längenmeßgerät eingebaut sein und einen wichtigen Bestandteil desselben bilden (Beispiele: Meßgerät mit eingebautem Maßstab; Meßmikroskop mit eingebauten Mikrometern).

Die Bezeichnung „elementar" soll dartun, daß es sich um einfache Meßelemente handelt, die allein oder in Kombination angewendet werden können. | Eine einfache Maßverkörperung ist der Abstand zweier Endflächen eines Körpers, wie sie im Endmaß gegeben ist. Die Form der Meßflächen, ob eben, zylindrisch oder kugelig, hängt von dem Meßzweck ab; die Ebene wurde erst dann die vorherrschende Form, als es gelang, sie mit der erforderlichen Genauigkeit herzustellen.

Eine ebenso einfache Verkörperung von Maßen sind die Abstände von Strichen oder Marken auf einem Strichmaßstab. Kennzeichnend für die Bedeutung der Strichmaßstäbe zur Zeit der Festlegung von Längeneinheiten ist die Tatsache, daß man als Prototyp einer bestimmten Länge fast stets einen Strichmaßstab wählte, der durch den Abstand seiner Striche ein unveränderliches Normal bilden sollte.

Wie die Strichabstände eines Maßstabes, so sind die Ganghöhen eines Gewindes Maßverkörperungen bestimmter Größe. Beim Gewinde, das als ein auf einen Zylinder aufgewickelter Keil gedeutet werden kann, kommt hinzu, daß es durch Unterteilung der Drehwinkel dieses Zylinders eine bequeme Unterteilung der durch die Gewindesteigung (Ganghöhe) gegebenen Meßgröße erlaubt. Die dadurch erforderliche Gleichmäßigkeit der Gewindesteigung innerhalb eines Ganges war frühzeitig das Ziel wissenschaftlicher Untersuchungen (BESSEL, Berlin 1839).

Einfache geometrische Figuren wie die Gerade und die Ebene werden durch gleichfalls einfache elementare Meßmittel dargestellt. Sie erscheinen als Lineale und Platten (Tuschierplatten) selbständig und als ebene Meßflächen, Führungen usw. in den meisten Meßwerkzeugen und Meßgeräten.

Während in den Abschnitten 13···23 dieses Kapitels die elementaren Meßmittel hauptsächlich als selbständige Meßmittel beschrieben werden, wird ihre weitere Anwendung in den Abschnitten des Kapitels V erwähnt.

A. Endmaße.

13. Parallelendmaße. Die universelle Anwendung der Endmaße mit planparallelen Meßflächen (Endflächen) hat es mit sich gebracht, daß fast nur noch diese Art gemeint ist, wenn von „*Endmaßen*" gesprochen wird. Der Abstand der planparallelen Endflächen stellt das Maß dar, das von dem Endmaß verkörpert werden soll. Der Endmaßkörper selbst hat einen runden, quadratischen oder rechteckigen Querschnitt, und dementsprechend ist auch die Form der Meßflächen. Endmaße mit rundem Querschnitt werden fast nur zum Einstellen von Meßapparaten verwendet. Quadratischen Querschnitt mit durchgehender Bohrung in der Mitte findet man bei amerikanischen Endmaßen, die während des ersten Weltkrieges im Bureau of Standards in Washington von HOKE entwickelt wurden. Endmaße mit rechteckigem Querschnitt sind am weitesten verbreitet und in DIN 861 genormt. Sie haben von $0{,}1 \cdots < 0{,}5$ mm Meßlänge einen Querschnitt von 20×9 mm, von $0{,}5 \cdots 10$ mm einen solchen von 30×9 mm, und über 10 mm einen Querschnitt von 35×9 mm. Die größten Parallelendmaße aus einem Stück sind 4000 mm lang[1]. Kleine Maße bis etwa 100 mm Länge sind ganz gehärtet; an den größeren Maßen sind nur die Enden hart.

Die Parallelendmaße haben zwei wichtige Eigenschaften, die ihre überragende Bedeutung bestimmen: sie können außerordentlich genau hergestellt und gemessen werden, und man kann durch Zusammensetzen von Einzelmaßen beliebige Zwischenmaße bilden. Die Genauigkeit eines Parallelendmaßes ist nicht nur durch die Genauigkeit des Abstandes seiner Meßflächen gegeben; von gleicher Bedeutung sind die Ebenheit und Parallelität und die Oberflächengüte der Meßflächen.

Die *Länge eines Parallelendmaßes* wird eindeutig erklärt in der Definition, die in DIN 2062 folgendermaßen niedergelegt ist: Das Maß eines Endmaßes mit parallelen ebenen Flächen wird definiert durch den Abstand zweier ebener Meßflächen, von denen die eine die Oberfläche eines Hilfskörpers, an der das Endmaß mit einer Fläche vollständig haftet, und von denen die andere die freie Fläche des Endmaßes ist (Abb. 11). Bei nicht völliger Parallelität gilt als Abstand die Senkrechte von der Mitte der freien Fläche auf die Fläche des Hilfskörpers (Mittenmaß). Voraussetzung ist, daß das Endmaß keiner längenändernden Beanspruchung unterworfen ist, daß die Meßflächen des Endmaßes und die des Hilfskörpers von gleichem Werkstoff und von gleicher Oberflächenbeschaffenheit sind und daß die Berührungsflächen zwischen Endmaß und Hilfskörper mit den üblichen geeigneten Mitteln so gut wie möglich gereinigt sind, ohne irgendein besonderes Mittel zu Hilfe zu nehmen, welches das Haften begünstigt. Das gleiche gilt sinngemäß für das Gesamtmaß mehrerer aneinander angesprengter Endmaße. Als Meßverfahren, bei welchem das Endmaß keiner längenändernden Beanspruchung unterworfen ist (Meßkraft Null) gilt gegenwärtig das Interferenzverfahren.

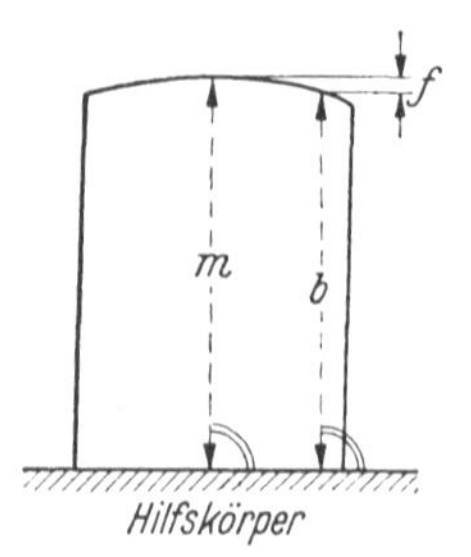

Abb. 11. Endmaß-
Definition.
m = Mittenmaß;
f = Flächenfehler = $m - b$

Für das Mittenmaß sind in DIN 861 Genauigkeitsgleichungen angegeben, die in dieser Form auch im Ausland bis nach Übersee Verbreitung gefunden haben. Diese Genauigkeits-

---

[1] Hersteller: Hommelwerke G.m.b.H., Mannheim-Käfertal.

gleichungen bestimmen die Grenzen der zulässigen Abweichungen des Mittenmaßes in Abhängigkeit von der Meßlänge und lauten für die einzelnen Genauigkeitsgrade wie folgt:

$$\text{Genauigkeitsgrad} \quad 0: \quad \pm\left(0,1\,\mu + \frac{\text{Meßlänge}}{500\,000}\right);$$

$$\text{''} \qquad \text{I}: \quad \pm\left(0,2\,\mu + \frac{\text{Meßlänge}}{200\,000}\right);$$

$$\text{''} \qquad \text{II}: \quad \pm\left(0,5\,\mu + \frac{\text{Meßlänge}}{100\,000}\right);$$

$$\text{''} \qquad \text{III}: \quad \pm\left(1\,\mu + \frac{\text{Meßlänge}}{50\,000}\right).$$

Das Mittenmaß eines Endmaßes von 100 mm Meßlänge darf also keine größere Abweichung als $\pm 0,3\,\mu$ haben, wenn es dem Genauigkeitsgrad 0 genügen soll.

Diese hohen Genauigkeiten (insbesondere von Genauigkeitsgrad O und I) haben zur Voraussetzung, daß man die Endmaße mit noch höherer Genauigkeit messen kann. Hierfür wird ein Verfahren angewendet, das die genaueste Längenmessung darstellt und nur eine Unsicherheit von $\pm\left(0,02\,\mu + \dfrac{\text{Meßlänge}}{5\,000\,000}\right)$ hat.

Es arbeitet mit Lichtinterferenz und benutzt die Wellenlänge von monochromatischem Licht als Vergleichsmaßstab (s. auch Abschnitt 32). Es wird auch zum Prüfen der Ebenheit und Parallelität der Meßflächen angewendet (Abb. 12 und 13).

Es ist jedoch nicht damit getan, daß ein Endmaß im neuen Zustand eine hohe Genauigkeit hat, es soll dieselbe auch möglichst lange behalten. Dazu ist erforderlich, daß es eine gute Maßbeständigkeit und einen großen Abnutzungswiderstand besitzt. Da der gehärtete Stahl das Bestreben hat, sein Volumen zu ändern, ist seine Maßbeständigkeit sehr gefährdet. Um eine gute Maßbeständigkeit zu erreichen, muß das Endmaß nach verschiedenen Verfahren „gealtert" werden, die sich nach der Zusammensetzung des betr. Stahles richten [11].

Abb. 12. Prüfung der Ebenheit einer Endmaßfläche mit Lichtinterferenz. Wenn z. B. Krümmung der Interferenzlinien gleich einer Streifenbreite, dann ist die Unebenheit in der Streifenrichtung gleich einer halben Lichtwellenlänge.

Abb. 13. Prüfung der Parallelität zweier Endmaßflächen mit Lichtinterferenz. Unparallele Interferenzlinien zeigen Unparallelität der betr. Flächen an.

Der Abnutzungswiderstand des Endmaßstahles ist durch seine Zusammensetzung und die erfolgte Wärmebehandlung gegeben [4]. Wird ein hoher Abnutzungswiderstand verlangt, so können Endmaße mit hartverchromten Meßflächen oder auch Endmaße aus Hartmetall verwendet werden.

Wie oben erwähnt, haben Parallelendmaße den Vorteil, daß man sie beliebig zusammensetzen kann. Bei guter Ebenheit und Politur haften die Meßflächen der Endmaße aneinander, wenn man sie aneinander „ansprengt" oder „anschiebt". Voraussetzung für das Haften ist (außer dem guten Zustand der Meßflächen), daß sich keine Fremdkörper, z. B. Staubteilchen, zwischen den Meßflächen befinden. Vor dem Ansprengen müssen die Meßflächen von Fett und Staub gereinigt werden. Dann werden sie aufeinandergesetzt, wobei die großen Querschnittsachsen zunächst senkrecht zueinander stehen. Durch Drehen unter leichtem Druck werden die beiden Flächen zur Deckung gebracht und haften durch die Adhäsion der beiderseitigen Moleküle aneinander, sie sind „angesprengt" [12]. Auf diese Weise kann man jedes beliebige Maß bis auf Tausendstel Millimeter bilden, wenn die entsprechenden Endmaße zur Verfügung stehen.

Um eine gute Ausnutzung der Endmaße zu erreichen, werden sie zu *Sätzen* zusammengestellt, die sich durch die Auswahl der Endmaße, die kleinste Unterstufung und die Anzahl der im Satz vorhandenen Blöcke unterscheiden. Diese Sätze bestehen aus Maßbildungsreihen, die sich zweckmäßig nach dem Maßsystem, für das sie bestimmt sind, richten [13]. Von der Basis 1,000 ausgehend gibt es Maßbildungsreihen mit Tausendstel, Hundertstel und Zehntel Millimeter, also $1,001\cdots1,009$; $1,01\cdots1,09$; $1,1\cdots1,9$ mm. Weitere Maßbildungsreihen können die Einer $(1\cdots10)$ und die Zehner $(10\cdots90)$ enthalten. Die gebräuchlichen Sätze sind in DIN 2260 genormt. Ein oft verwendeter großer Endmaßsatz hat die Hundertstel von $1,01\cdots1,49$ und die halben Millimeter von $0,5\cdots10$. Dadurch benötigt man in manchen Fällen einen Block weniger in der Kombination, wie das nachstehende Beispiel zeigt.

Beispiel: Das Maß 71,978 mm soll gebildet werden. Je nach dem zur Verfügung stehenden Endmaßsatz werden folgende Einzelendmaße verwendet:

$$
\begin{array}{lll}
1{,}008 & 1{,}008 & 1-0{,}022 \\
1{,}07 & 1{,}47 & 1 \\
1{,}9 & 9{,}5 & 70 \\
8 & \underline{60} & \overline{72-0{,}022=71{,}978} \\
\underline{60} & 71{,}978 & \\
71{,}978 & &
\end{array}
$$

Nach der Anwendung der Endmaße (nicht nach ihrer Genauigkeit) unterscheidet man Arbeitsmaße, Prüfmaße, Vergleichsmaße und Urmaße [14]. Jeweils die höhere Gattung dient zum Prüfen und Überwachen der vorhergehenden. Arbeitsmaße, die z. B. im Vorrichtungsbau verwendet werden, kommen mit verhältnismäßig rauhen Oberflächen in Berührung und erleiden daher eine besondere Abnutzungsbeanspruchung. Eine Überprüfung der Endmaße in gewissen Zeitabständen, die sich nach der Häufigkeit des Gebrauchs richten, ist unbedingt erforderlich. In Meßräumen, die mit sehr hoher Genauigkeit arbeiten, werden Endmaßsätze mit Prüfungsscheinen verwendet, in denen für jedes Endmaß das gemessene Abmaß angegeben ist. Auch ein solcher Prüfungsschein muß von Zeit zu Zeit revidiert werden.

Parallelendmaße werden entweder zum direkten Messen oder Einstellen von Meßgeräten (s. Kapitel IV) oder in Verbindung mit verschiedenartigem Endmaßzubehör (s. Abschnitt 14) verwendet. Vor dem Gebrauch sind sie zu entfetten und mit sauberen Leinentüchern oder Wildlederlappen zu reinigen. Diejenigen Meßflächen, welche direkt mit den zu messenden Gegenflächen in Berührung kommen (z. B. beim Ausmessen der Breite eines Schlitzes), werden mit einem sehr feinen Fetthauch versehen, um ihre Abnutzung zu vermindern. Große Endmaße über 100 mm Meßlänge sind bei waagrechter Auflage an zwei Punkten zu unterstützen, die um je 0,2113 der ganzen Endmaßlänge von den Enden entfernt sind. Bei dieser Auflagerung bleiben die Endflächen parallel zueinander. Senkrechtstehende Endmaße erleiden eine Verkürzung, die z. B. bei einem Endmaß von 1000 mm Länge $0{,}18\,\mu$ beträgt.

Es ist selbstverständlich, daß ein Meßmittel hoher Genauigkeit, wie es die Endmaße darstellen, sorgfältig behandelt und vor schädlichen Einflüssen geschützt werden muß. Außer mechanischen Verletzungen durch schmirgelnde Stoffe, durch

Stoß oder Schlag sind die Einwirkungen von Feuchtigkeit, direkter Wärmestrahlung, magnetischen und elektrischen Feldern zu vermeiden. Die Aufbewahrung soll in geeigneten Kästen (Abb. 14)[1] erfolgen; die Meßflächen sind mit säurefreier Vaseline einzufetten.

14. Endmaßzubehör. In vielen Fällen können Parallelendmaße infolge der Gestalt des Prüflings nicht direkt zum Messen verwendet werden. Man benutzt dann die mit „Endmaßzubehör" bezeichneten Hilfsmittel, mit denen der Anwendungsbereich der Endmaße stark vergrößert werden kann. Hierzu zählen zunächst die verschiedenen Arten von Meßschnäbeln, die mit den Endmaßen zusammen in Endmaßhaltern aufgenommen werden und dann ein festes Maß verkörpern. Die Halbrundschnäbel (Abb. 15) dienen zum Messen von Bohrungen. Der Schnabelansatz hat eine gekrümmte Meßfläche, deren Krümmungshalbmesser etwas kleiner ist als die Ansatzstärke. Da die Schnäbel sich durch die Meßkraft durchbiegen, muß ganz leicht, d. h. mit geringer Meßkraft, gemessen werden. Die Innenseite der Halb-

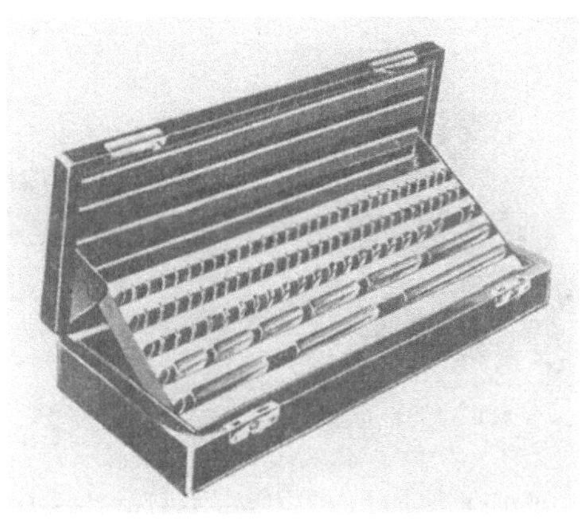

Abb. 14. Aufbewahrungskasten für Endmaße. Übersichtliche, platzsparende Anordnung (Hommel).

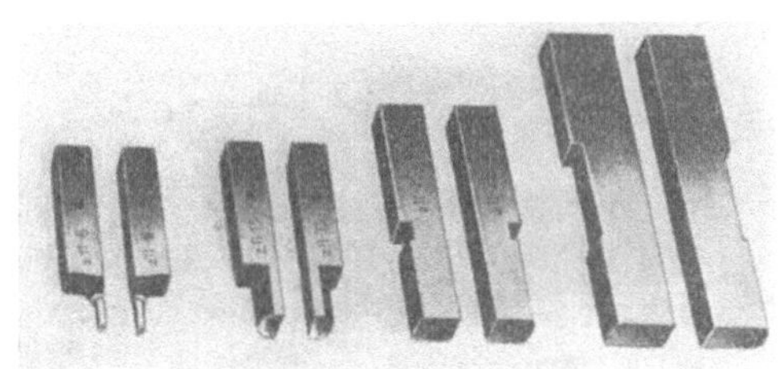

Abb. 15. Halbrund-Meßschnäbel mit verschiedener Ansatzstärke.

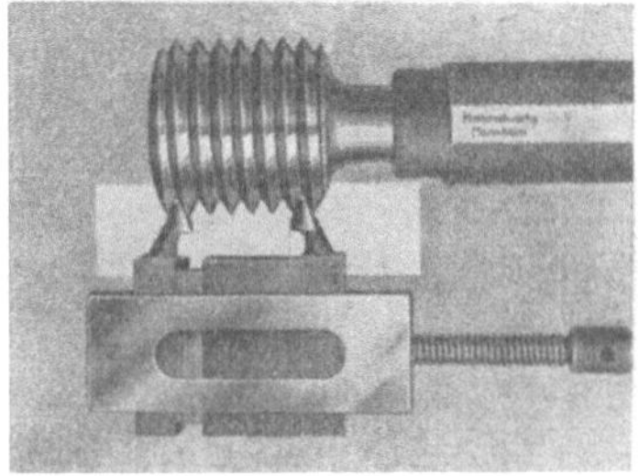

Abb. 16. Steigungs-Meßschnäbel mit Endmaßen. Steigungsfehler erkennbar durch Lichtspalte an den Gewindeflanken.

rundschnäbel kann man zur Darstellung von Rachenlehren, also für Außenmessungen, verwenden.

Für die Messung von Nuten und Rillen können die Messerschnäbel genommen werden, die schneidenförmig ausgebildet sind. Bei Berücksichtigung eines Korrekturwertes kann man mit ihnen auch den Kerndurchmesser von Außengewinden messen. Für die Messung von Gewindesteigungen dienen Steigungsmeßschnäbel, die den richtigen Profilwinkel (55° oder 60°) haben und Steigungsfehler als Lichtspalte anzeigen (Abb. 16). Der Flankendurchmesser von Außengewinde kann mit Flankenmeßschnäbeln gemessen werden, die mit Gewindemeßstücken (Korn und Kimme) versehen sind.

---

[1] Verzeichnis der Firmen, die Abbildungen zur Verfügung gestellt haben, s. S. 66.

Große Endmaße (über 100 mm) werden mit kleinen Endmaßen mittels Universalhaltern und untereinander mittels Verbindern verbunden (Abb. 17). Zum Schutz gegen die Handwärme dienen Holzklammern und Wärmeschutzhandschuhe.

Abb. 17. Große Endmaße mit Verbindern und Universalhalter. 50 mm-Endstücke zur Schonung der großen Maße.

Ein praktisches Hilfsmittel für das direkte Messen mit Endmaßen ist das Haarlineal (s. auch Abschnitt 23), Abb. 18. Da man mit ihm Lichtspalte von 0,001 mm

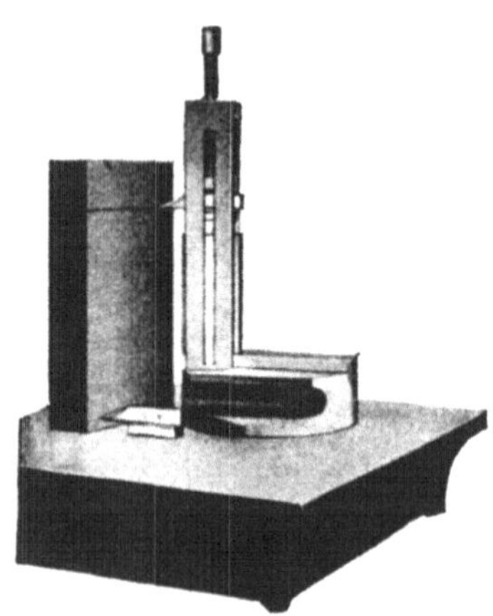

Abb. 18. Messen mit Endmaßen und Haarlineal.

Abb. 19. Anreißwerkzeug aus Halterfuß, Endmaßen, Anreißspitze und Halter.

noch erkennen kann, wird bei günstigen Umständen (geläppte Flächen) eine Meßgenauigkeit von $\pm\ 0,5\ \mu$ eingehalten.

Ebenso wie für das Messen gibt es Endmaßzubehör für das genaue Anreißen. Mit Anreißspitze, Punktspitzen, Halterfuß und Endmaßhaltern können sehr genaue Höhenreißer (Abb. 19), Anreißzirkel usw. gebildet werden.

15. Sonstige Endmaße. Endmaße können außer planparallelen Meßflächen (s. Abschnitt 13) auch gekrümmte Endflächen besitzen, die entweder Teile eines Kreiszylinders oder Teile von Kugeln sind. Endmaße mit zylindrischen Meßflächen, die einem einzigen Kreiszylinder angehören, können als volle Meßscheibe (bis 100 mm Durchmesser) oder als Meßstab, der einen Ausschnitt aus einem Zylinder darstellt, ausgebildet sein. Sind die Endflächen kugelig, so können beide einer einzigen Kugel oder verschiedenen Kugeln angehören. Im ersteren Falle handelt es sich um Kugelendmaße, im letzteren Falle um Stichmaße. Bei diesen ist der Krümmungsradius der Endflächen kleiner als die halbe Endmaßlänge. Meßscheiben, Meßstäbe und Kugelendmaße sind als Lehren (teils Arbeitslehren, teils Prüflehren) für Rundpassungen bekannt. Stichmaße stellen wohl die älteste Form von Endmaßen dar (s. auch Abschnitt 3).

In DIN 2062 ist die Länge dieser Endmaße mit gekrümmten Meßflächen wie folgt definiert:

„Als Länge eines der genannten Endmaße gilt der senkrechte Abstand zweier paralleler ebener Hilfsflächen, die die Endflächen des Endmaßes unter der Meßkraft Null berühren, wobei die Berührungspunkte (Berührungslinien bei zylindrischen Meßflächen) der Endmaße mit kugeligen (bzw. zylindrischen) Enden auf einer zu den Hilfsflächen senkrechtstehenden Geraden (bzw. Ebene) liegen müssen. (Wenn die Meßachse nicht festgelegt ist, ergibt sich praktisch das Maß als der größte Abstand der beiden parallelen Hilfsebenen, zwischen denen das Endmaß unter meßkraftfreier Berührung durchgeschwenkt wird.)“

B. Strichmaße.

16. Maßstäbe. Das am weitesten verbreitete Längenmeßmittel ist der Maßstab mit Strichteilung. Er hat entweder nur zwei Endstriche, die seine Länge darstellen, oder eine Skala mit vielfacher Unterteilung der Gesamtlänge. Ein solcher Maßstab, der z. B. in mm geteilt sein kann, hat den Vorteil, daß man mit ihm beliebige Zwischenlängen messen kann, ohne zu anderen Maßstäben greifen zu müssen.

Einfache Maßstäbe für den Werkstattgebrauch bestehen aus Holz oder Stahl und sind als Gliedermaßstäbe oder als Bandmaße ausgebildet. Sie sind meistens in mm geteilt (Zollmaße in $^1/_{16}''$). Die Gliedermaßstäbe mit 1 oder 2 m Länge lassen sich mehrmals zusammenklappen (Abb. 20), so daß man sie bequem in die Tasche stecken kann. Stahlbandmaße aus dünnem federhartem Bandstahl werden von 100 ··· 1000 mm hergestellt; infolge ihrer Biegsamkeit lassen sie sich auch an gekrümmte Flächen anlegen. Band-maße von 2 m Länge, die in einer Dose aufgerollt wer-

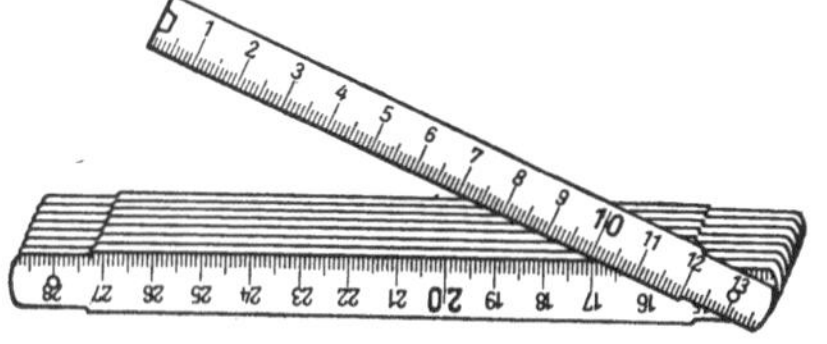

Abb. 20. Gliedermaßstab. 1 oder 2 m Länge.

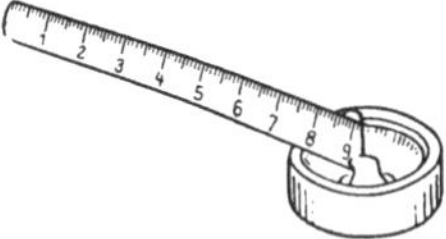

Abb. 21. Stahlbandmaß, aufgerollt in Dose. Gewölbter Querschnitt.

den, Abb. 21, haben einen gewölbten Querschnitt, durch den das Bandmaß eine gewisse Steifigkeit im auseinandergezogenen Zustand erhält. Die Genauigkeit dieser einfachen Maßstäbe ist etwa ± 1 mm auf 1000 mm.

Genauere Arbeitsmaßstäbe aus Stahl sind in DIN 866 genormt. Sie haben Kantenteilung, d. h., die Teilungsstriche sind bis zur Kante durch-gezogen. Gegen diese Kante gesehen verläuft die Teilung von links nach rechts. DIN 866 unter-scheidet Genauigkeit I und II, für die folgende zulässige Abweichungen festgelegt sind:

$$\text{Arbeitsmaßstäbe} \quad \text{I:} \quad \pm\left(0{,}02 + \frac{\text{Länge}}{50\,000)}\right)\text{mm}$$

$$\text{„} \qquad \text{II:} \quad \pm\left(0{,}05 + \frac{\text{Länge}}{20\,000}\right)\text{mm}$$

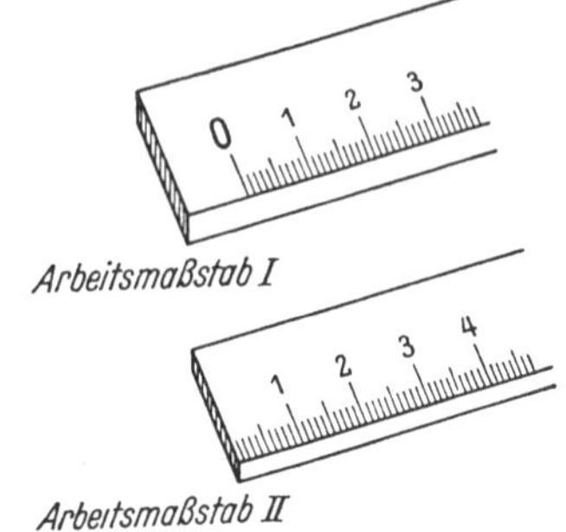

Abb. 22. Arbeitsmaßstäbe, Genauigkeit I u. II nach DIN 866.

Hieraus kann man für jeden Teilstrich, dessen Abstand vom Nullstrich als „Länge“ eingesetzt wird, die zulässige Abweichung berechnen.

Die Arbeitsmaßstäbe I haben beiderseits Schutzenden, während bei den Arbeitsmaßstäben II der Nullstrich mit der Endfläche zusammenfällt, Abb. 22.

Diese Arbeitsmaßstäbe werden mit Prüfmaßstäben geprüft, die in DIN 865 genormt sind. Die Kantenteilung derselben läuft von rechts nach links, wenn man gegen die geteilte Kante sieht (Abb. 23, so daß der Prüfmaßstab Teilung an Teilung an den zu prüfenden Arbeitsmaßstab angelegt werden kann. Mit einer etwa 4fachen Lupe wird dann Strich für Strich verglichen und geprüft. Die Genauigkeit der Prüfmaßstäbe ist $\pm\left(0{,}01 + \dfrac{\text{Länge}}{100\,000}\right)$ mm.

In DIN 864 sind die Vergleichsmaßstäbe genormt, die zum Prüfen und Überwachen der Prüfmaßstäbe dienen. Sie haben einen H-förmigen Querschnitt, in dessen neutraler Faser die Teilungsfläche liegt (Abb. 24). Da sie sehr feine Striche haben (Strichbreite $3\cdots7\,\mu$) wird die Teilungsfläche meistens vernickelt, um

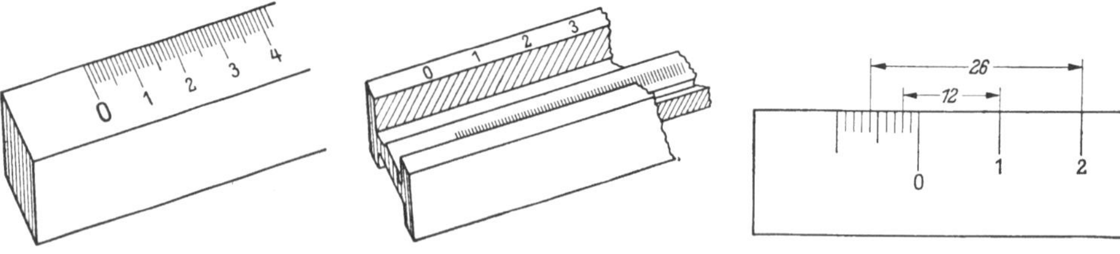

Abb. 23. Prüfmaßstab nach DIN 865.	Abb. 24. Vergleichsmaßstab nach DIN 864. Strichbreite $3\cdots7\,\mu$.	Abb. 25. Zentimeterteilung mit einem in mm vorgeteilten cm. Jede mm-Zahl ist darstellbar.

möglichst scharfe Striche zu erreichen. Diese Maßstäbe werden mit Mikroskopen eingestellt und auf Maßstab-Komparatoren (s. Abschnitt 18) verwendet. Ihre Genauigkeit ist $\pm\left(0{,}005 + \dfrac{\text{Länge}}{200\,000}\right)$ mm. Noch genauere Maßstäbe, sog. Urmaßstäbe, mit einer Genauigkeit von $\pm\left(0{,}002 + \dfrac{\text{Länge}}{500\,000}\right)$ mm sind nicht genormt. Sie haben denselben Querschnitt wie die Vergleichsmaßstäbe und sind ebenfalls vernickelt.

Außer diesen Stahlmaßstäben gibt es für die verschiedenen Verwendungszwecke Maßstäbe aus Glas, Messing, Bronze usw.

Das Messen mit einem Maßstab geschieht entweder durch eine Maßübertragung mittels Taster oder Zirkel, oder durch optische Maßabnahme. Diese kann mit dem unbewaffneten oder mit einer Lupe bewaffneten Auge oder mit Hilfe eines mikroskopischen Gerätes, dem Maßstab-Komparator (Abschnitt 18), erfolgen. Im ersteren Falle können Schieber mit Marke oder Nonius (s. Abschnitt 19, Schieblehre) die Ablesung verbessern. Beim Ablesen einer Teilung mit oder ohne Lupe, d. h. also beim Anvisieren eines Teilstriches in Zusammenhang mit einer Marke, Werkstückkante oder dgl., ist zu beachten, daß die Parallaxe vermieden wird (Abschnitt 12). Dies ist der Fehler, der entsteht, wenn die Blickrichtung anders ist als die Richtung der beobachteten Striche, s. Abb. 10.

Die einfachste Ablesung ist dann gegeben, wenn die ganze Maßstablänge in die benötigten feinsten Intervalle, z. B. mm, geteilt ist. Bei sehr genauen Maßstäben, z. B. Vergleichsmaßstäben, die höhere Kosten erfordern, kann in gewissen Fällen die Millimeterteilung gespart werden, indem man den Maßstab nur in cm teilt und einen cm in mm vorteilt, s. Abb. 25. Wie die Abbildung zeigt, kann man mit einem solchen Maßstab jede mm-Zwischenlänge darstellen. Für die fortlaufende Prüfung von mm-Teilungen ist jedoch dieser Maßstab nicht geeignet, weil er dabei ständig verschoben werden müßte.

Die Maßstäbe müssen sowohl beim Messen als auch beim Prüfen, insbesondere auf Komparatoren, zwangsfrei aufliegen und dürfen keine Deformation erleiden. Die Auflageflächen müssen daher den in den Normen angegebenen Ebenheitsvorschriften genügen. Werden die Maßstäbe nur in zwei Punkten unterstützt, so müssen diese um je 0,22031 ($= {}^2/_9$) der ganzen Maßstablänge von den Enden entfernt sein, damit die geringste Verkürzung auftritt. Diese Unterstützung nennt man „Unterstützung in den BESSELschen Punkten".

17. Nonius. Der Nonius (früher auch mit „Vernier" bezeichnet) hat den Zweck, die Ablesung einer Strichteilung zu verfeinern. Mit seiner Hilfe kann man Zwischenwerte der Hauptteilung ablesen, ohne daß diese Zwischenwerte als Teilstriche in der Hauptteilung vorhanden sind. Am häufigsten wird der Nonius bei der Schieblehre (Abschnitt 19) angewendet, wo er als $^1/_{10}$-, $^1/_{20}$- und $^1/_{50}$-Nonius zu finden ist.

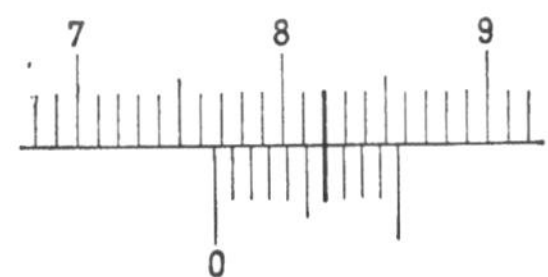

Abb. 26. Zehntel-Nonius an
Millimeterteilung.
Ablesung 76,6 mm.

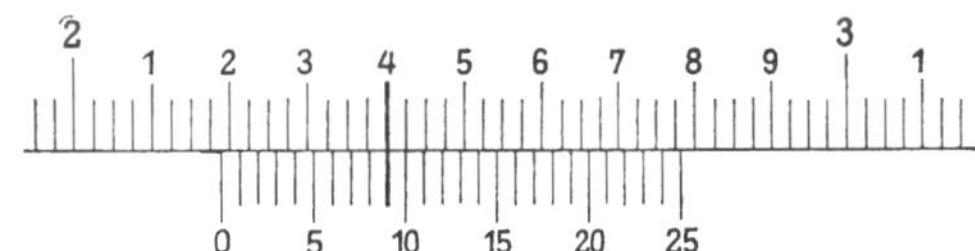

Abb. 27. Fünfundzwanzigstel-Nonius an
Zollteilung. Ablesung
$2,1 + {}^3/_{40} + 0,009 = 2,184''$.

Der Nonius besitzt außer dem Nullstrich eine Hilfsskala, deren Intervalle um einen bestimmten Betrag kleiner sind als ein Intervall der Hauptteilung. Beim $^1/_{10}$-Nonius z. B. entfallen auf 9 Intervalle der Hauptteilung 10 Intervalle des Nonius. Kommen auf $n-1$ Intervalle der Hauptteilung n Intervalle des Nonius so ist, wenn das Teilungsintervall t ist, das Nonius-Intervall $v = t\frac{n-1}{n}$. Die Differenz $(t-v) = \frac{t}{n}$ ist diejenige Größe, die der Nonius als Bruchteil eines Teilungsintervalls anzeigen kann. Wird der Nonius um den Betrag $(t-v)$ an der Hauptteilung weiterbewegt, so kommt jeweils der nächste Noniusstrich mit einem Hauptteilungsstrich zur Deckung. Durch Abzählen der Noniusteilungen vom Nullstrich des Nonius bis zu dem sich mit der Hauptteilung deckenden Noniusstrich kann man daher den für die jeweilige Stellung des Nonius gültigen Zwischenwert ermitteln.

In Abb. 26 ist ein Zehntel-Nonius dargestellt, wie er sehr oft an Schieblehren zu sehen ist. Für ihn ist $n = 10$, $n-1 = 9$, und die vom Nonius angezeigte kleinste Größe $\frac{t}{10}$. Fällt der Nullstrich des Nonius mit einem Maßstabstrich zusammen (bei der Ablesung ist besonders auf die Parallaxe, s. Abschnitt 12, zu achten), so ist als Ablesung dieser Maßstabstrich zu nehmen. Deckt sich, wie in Abb. 26 zu sehen ist, der sechste Noniusstrich mit einem Maßstabstrich, so ist der Nonius um $6\frac{t}{10}$ weitergeschoben; die Ablesung der ganzen Millimeter erhält also den Zusatz $\frac{6}{10}$. Die Ablesung in Abb. 26 ist 76,6.

Für *Millimeter-Teilungen* sind für n außer dem Wert 10 die Werte 20 und 50 üblich. Der Nonius erstreckt sich in diesen Fällen über 19 bzw. 49 Teilstriche des Maßstabes. Die Noniusablesung ist dann $^1/_{20}$ bzw. $^1/_{50}$ mm. Die Ablesung von 0,05 oder 0,02 mm setzt voraus, daß die Genauigkeit der Teilung und die Stärke der Striche dieser Ablesemöglichkeit angepaßt sind.

Für *Zoll-Teilungen* wird häufig ein Nonius mit $^1/_{1000}''$-Ablesung verwendet. Ist der Maßstab in $^1/_{40}''$ geteilt, so wählt man $n = 25$ und hat dann am Nonius eine Ablesung von $\frac{1}{40 \cdot 25}'' = \frac{1}{1000}''$. Bei einer Teilung von $^1/_{16}''$ kommt man mit $n = 8$ auf eine Ablesung von $\frac{1}{128}''$. Das Beispiel eines 25teiligen Nonius an einer Zollteilung zeigt Abb. 27 mit der Ablesung $2,184''$.

18. Maßstab-Komparatoren. Wie schon der Name sagt, dienen diese Komparatoren zum Vergleichen von Maßstäben. Man braucht dazu einen Maßstab, den man als Normal oder Standard verwenden kann, z. B. einen Vergleichsmaßstab (s. Abschnitt 16). Der Komparator hat zwei Mikroskope, die auf die Maßstabstriche eingestellt werden. Der Vergleichsmaßstab und der zu prüfende Maßstab werden auf den Komparatorschlitten oder das Komparatorbett gelegt. Liegen beide hintereinander, Abb. 28, so ist es ein Longitudinalkomparator; liegen sie nebeneinander, Abb. 29, so ist es ein Transversalkomparator.

Bei dem Longitudinalkomparator werden die Mikroskope auf zwei einander entsprechende Striche der beiden Maßstäbe eingestellt, also z. B. auf die beiden

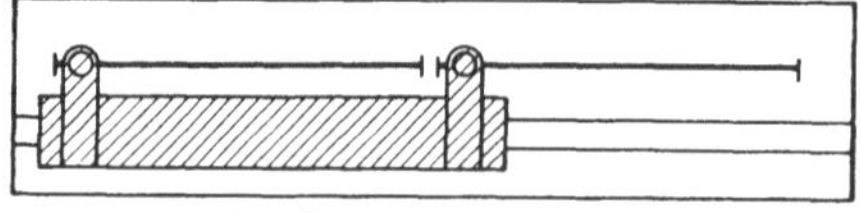

Abb. 28. Longitudinalkomparator. Maßstäbe hintereinanderliegend. Mikroskopschlitten wird von Strich zu Strich verschoben.

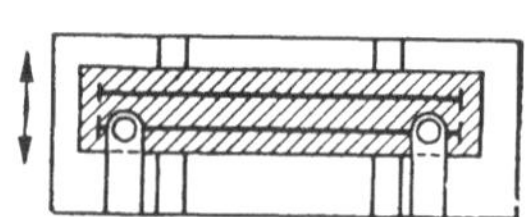

Abb. 29. Transversalkomparator Maßstäbe nebeneinanderliegend. Maßstabschlitten wird quer verschoben.

Nullstriche. Dann wird der ganze Schlitten mit den Maßstäben (oder den Mikroskopen) in der Längsrichtung („longitudinal") verschoben, bis der zu prüfende Strich im Blickfeld des Mikroskopes ist. Während das Mikroskop des Vergleichs-Maßstabes auf den entsprechenden Strich gestellt wird, wird am anderen Mikroskop mit Hilfe eines Okularmikrometers die Abweichung des zu prüfenden Striches von seiner Sollage gemessen. Bei der Einstellung am Vergleichsmaßstab können dessen Fehler berücksichtigt werden, wenn eine Fehlertabelle vorhanden ist. Ein Longitudinalkomparator ist in Abb. 30 dargestellt.

Bei dem Transversalkomparator werden die Mikroskope auf zwei Striche des gleichen Maßstabes eingestellt, also z. B. auf den ersten und den letzten Strich. Dann wird der Schlitten mit den Maßstäben in der Querrichtung („transversal")

Abb. 30. Longitudinalkomparator mit Verschiebung des Maßstabschlittens.

verschoben, bis die entsprechenden Striche des zweiten Maßstabes in den Blickfeldern der Mikroskope sind. Abweichungen von der Sollage der Striche werden mit dem Okularmikrometer gemessen.

Auf dem Schlitten oder Bett des Longitudinalkomparators liegen die Maßstäbe entweder direkt hintereinander oder, in der Längsrichtung gegeneinander versetzt, möglichst direkt nebeneinander. Die erstgenannte Anordnung, die den ABBE-schen Grundsatz einhält (s. Abschnitt 9), ist vorzuziehen, weil bei der zweiten Anordnung Meßfehler 1. Ordnung durch Führungsungenauigkeiten auftreten können [15]. Der Longitudinalkomparator wird meistens dann verwendet, wenn die Maßstäbe Strich für Strich geprüft werden sollen.

Der Transversalkomparator verfolgt die Methode der Substitution; der eine Maßstab kommt an die Stelle des anderen. Dieser Komparator wird in der Hauptsache dann verwendet, wenn es sich nur um den Vergleich der ganzen Teilungslänge (Endstriche) handelt. Die Mindestlänge, die auf ihm geprüft werden kann, ist begrenzt durch den kleinsten Abstand, auf den sich die Mikroskope bringen lassen.

19. Schieblehren. Die Verbindung eines Maßstabes mit zwei Meßschnäbeln, von denen der eine an einem auf dem Maßstab beweglichen Schieber sitzt und der andere mit dem Maßstabende fest verbunden ist, führt zu einem seit langem bekannten Meßwerkzeug, der Schieblehre, Abb. 31. Der Maßstab wird die „Stange" der Schieblehre genannt. Die Stellung des Schiebers auf dem Maßstab wird mittels Marke oder Nonius abgelesen. Für metrische Teilungen hat man $^1/_{10}$-, $^1/_{20}$- und $^1/_{50}$-Nonius, für Zoll-Teilungen $^1/_{25}$-Nonius. Die metrische Teilung ist meistens in $^1/_1$ mm, die Zollteilung in $^1/_{16}''$ unterteilt.

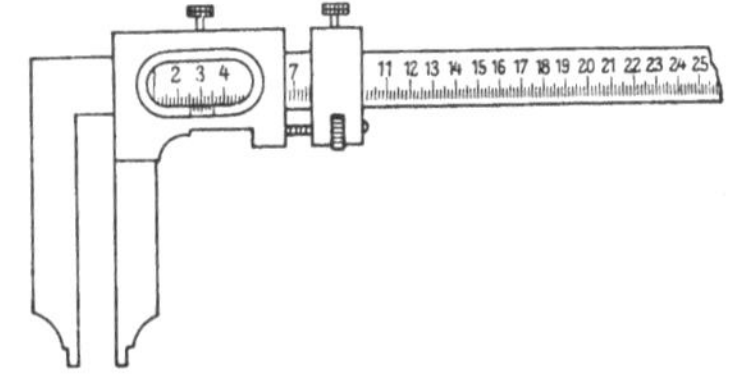

Abb. 31. Schieblehre mit Millimetereinteilung und $^1/_{10}$-Nonius.

Die Genauigkeit einer Schieblehre hängt von der Genauigkeit der Teilung und des Nonius, der Geradheit der Stange und der Meßschnäbel und der Führung des Schiebers ab. Für Präzisions-Schieblehren sind Genauigkeitsvorschriften in DIN 862 enthalten.

Bei sachgemäßem Ausmessen mit Parallelendmaßen an beliebiger Stelle dürfen die Ablesungen am Nonius nur um die in DIN 862 angegebenen zulässigen Fehler von dem Wert der Endmaße abweichen. Die zulässigen Fehler sind in Abhängigkeit von dem Nonius wie folgt festgelegt:

$$\text{Bei } ^1/_{10}\text{-Nonius} \quad \pm\left(0{,}075 \text{ mm} + \frac{\text{Maßlänge}}{20\,000}\right)$$

$$\text{,, } ^1/_{20}\text{- ,,} \quad \pm\left(0{,}050 \text{ mm} + \frac{\text{Maßlänge}}{20\,000}\right)$$

$$\text{,, } ^1/_{50}\text{- ,,} \quad \pm\left(0{,}020 \text{ mm} + \frac{\text{Maßlänge}}{50\,000}\right).$$

Als „Maßlänge" wird das am Schieber eingestellte Maß eingesetzt.

Bei der Prüfung der Schieblehre mit Endmaßen stellt man den Nonius und damit den Schieber auf den zu prüfenden Teilungsstrich ein und mißt den Abstand der Meßflächen mit Endmaßen aus. Mißt man z. B. bei dem Teilstrich 50 mm einen Meßflächenabstand von 50,06 mm, so hat die Schieblehre einen Anzeigefehler von — 0,06 mm.

Die Schieblehren unterscheiden sich nicht nur durch die Genauigkeit, sondern auch durch die Größe, d. h. den Meßbereich und die Ausführung der Schnäbel. Im allgemeinen werden Schieblehren für Meßbereiche von etwa 120···2000 mm hergestellt. Die Länge der Schnäbel wächst von etwa 35···200 mm mit dem Meßbereich.

Die einander zugekehrten Flächen der Schnäbel sind für Außenmessungen bestimmt. Für Innenmessungen sind die Schnabelenden abgesetzt mit zylindrischen Außenflächen. Zu dem am Nonius abgelesenen Maß muß bei Innenmessungen die

Stärke der Schnabelansätze hinzugezählt werden. Die Schnäbel können nach oben verlängert und schneidenförmig ausgebildet sein, Abb. 32. Spitze, gehärtete Schnabelenden dienen zum Anreißen. Kleine Schieblehren können auf der Rückseite eine Leiste haben, die mit dem Schieber bewegt wird und für Tiefenmessungen

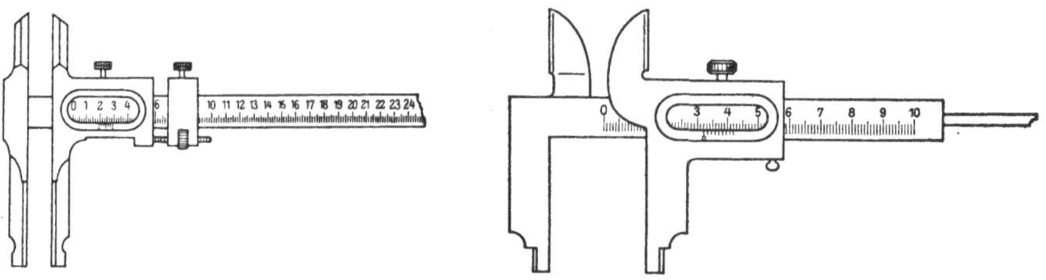

Abb. 32. Schieblehre mit Anreißspitzen.   Abb. 33. Schieblehre mit Tiefenmeßleiste.

verwendet wird, Abb. 33. Es gibt ferner Höhenschieblehren (zum Anreißen), Tiefenschieblehren (ohne Endschnabel), Zahndickenschieblehren usw.

Mit der Schieblehre können sowohl zylindrische Teile (Wellen und Bohrungen) als auch Teile mit planparallelen Flächen gemessen werden. Beim Messen legt man die Meßflächen der Schnäbel mit geringer Kraft an das zu messende Teil an und klemmt den Schieber fest. Dann liest man ab, löst den Schieber und gibt das Werkstück frei. Ein kräftiges Andrücken der Meßschnäbel an das Werkstück und ein Verschieben auf dem letzteren ist zu vermeiden, weil dadurch Deformationen und Abnutzung der Meßschnäbel hervorgerufen werden.

C. Meßschrauben.

20. Gewinde als Maßträger. Eine Gewindespindel besitzt ebenso wie ein Strichmaßstab eine fortlaufende gleichmäßige Teilung, die durch die Gewindegänge gegeben ist. Bei einer Gewindespindel mit 1 mm Steigung ist der Abstand von einem Gang zum andern 1 mm; sie entspricht also einem in $^1/_1$ mm geteilten Maßstab. Die Maßabnahme wird dadurch eingeleitet, daß man die Spindel in der zugehörigen Mutter dreht, wobei eine volle Umdrehung eine Relativbewegung zwischen Spindel und Mutter von einer Ganghöhe hervorruft. Bruchteile einer Ganghöhe können eingestellt werden, wenn man eine volle Umdrehung in beliebig viele Teile unterteilt. Die durch die Anzahl der Umdrehungen bestimmte axiale Bewegung der Spindel oder der Mutter kann dazu verwendet werden, den Abstand zweier Meßflächen um eine bestimmte Strecke zu verändern, wie es z. B. beim Mikrometer (Abschnitt 21) geschieht.

Wie schon angedeutet, kann entweder die Spindel oder die Mutter die Längsbewegung ausführen; dasselbe gilt für die Drehbewegung. In den meisten Fällen übernimmt bei einer Meßschraube die Gewindespindel beide Bewegungen. Eine Stirnseite der Spindel ist meistens als Meßfläche ausgebildet, die senkrecht zur Gewindeachse steht. Die Spindel trägt eine Meßtrommel, die eine Rundteilung besitzt, an der die Bruchteile von Umdrehungen abgelesen werden.

Die Genauigkeit der Weiterbewegung einer Meßspindel, das Gegenstück zur Genauigkeit der Teilung eines Strichmaßstabes, hängt von verschiedenen Faktoren ab. An erster Stelle sei die Genauigkeit der Gewindesteigung genannt. Die Steigung kann mit Fehlern behaftet sein, die sich von Gang zu Gang addieren und daher früher als „*fortschreitende Fehler*" bezeichnet wurden. Diese Fehler kommen bei einer oder mehreren ganzen Umdrehungen zur Geltung und wirken sich natürlich auch auf Längen, die nicht einer vollen Umdrehung entsprechen, aus. Innerhalb einer Umdrehung gibt es jedoch Gewindefehler, die die Gleichmäßigkeit des Gewindeganges stören. Da sie in jedem Gang wiederkehren, werden sie „*periodische Fehler*" genannt. Die Genauigkeit einer Meßspindel setzt sich aus beiden Fehlerarten, „fortschreitende" und „periodische" Fehler, zusammen. Da man heute sehr genaue Gewinde herstellen kann, hat die Unterscheidung der genannten Fehlerarten an Bedeutung verloren und man betrachtet meistens nur noch die Gesamtfehler.

Ein weiterer Fehler kann bei Meßspindeln durch den „toten Gang" auftreten. Damit wird das Spiel zwischen Spindelgewinde und Muttergewinde bezeichnet, das bei einer Richtungsänderung der Drehbewegung sich als axiales Stillstehen der Spindel für einen bestimmten Bruchteil einer Umdrehung auswirkt. Um den Einfluß des „toten Ganges" auf ein Meßergebnis auszuschalten, muß die Endbewegung der Spindel bei jedem Meßvorgang in der gleichen Richtung erfolgen.

Die bekannteste Anwendung als Maßträger findet das Gewinde im Mikrometer (Abschnitt 21). Dieses kann als Bügelmikrometer ausgebildet sein oder in Meßgeräte, z. B. in eine Längenmeßmaschine (Abschnitt 26) oder in ein Meßmikroskop (Abschnitt 33) eingebaut werden.

21. Mikrometer. Das Mikrometer (auch Schraublehre genannt) hat als Maßträger eine Gewindespindel, deren Steigung in bezug auf Genauigkeit und Größe

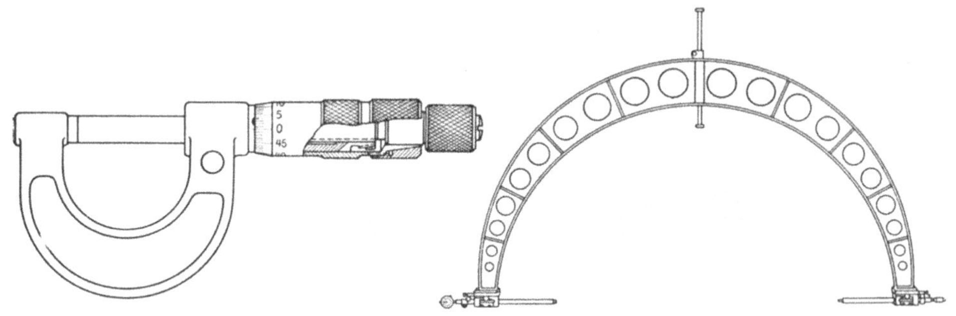

<table>
<tr><td align="center">Abb 34. Bügelmikrometer.
Meßbereich 0···25 mm.</td><td align="center">Abb. 35. Großes Bügelmikrometer.
Meßbereich 1,5···2 m.</td></tr>
</table>

dem Meßzweck entsprechen muß. Präsisions-Mikrometer haben im allgemeinen 0,5 mm Steigung oder, wenn es sich um Zoll-Mikrometer handelt, $^1/_{40}''$ Steigung.

Damit das Mikrometer zum Messen von zylindrischen Körpern verwendet werden kann, hat es einen Bügel, der für den größten zu messenden Durchmesser genügend Raum hat. Am einen Ende des Bügels befindet sich eine feste Meßfläche, der Amboß, am anderen Ende das eigentliche Mikrometerwerk, Abb. 34. Die Meßspindel, deren Gewinde bei Präzisions-Mikrometern verdeckt gelagert ist, hat eine Meßfläche, die senkrecht zur Spindelachse und parallel zur festen Meßfläche steht. Auf dem entgegengesetzten Spindelende sitzt die Meßtrommel, die bei 0,5 mm Spindelsteigung 50 Teilstriche trägt, so daß 0,01 mm direkt abgelesen werden kann. Für die Feststellung der Spindel an einem beliebigen Maß ist eine Klemmvorrichtung vorhanden. Um eine gleichmäßige Meßkraft erzielen zu können, hat die Spindel eine Ratsche, das ist eine Zahnkupplung oder Rutschkupplung, die das auf die Spindel übertragbare Drehmoment begrenzt.

Die Meßlänge der Spindel ist im allgemeinen 25 mm bzw. 1''. Für Zoll-Ablesung hat die Meßtrommel ebenfalls 50 Teilstriche für eine Ablesung von 0,0005'' bei $^1/_{40}''$ Steigung. Der Meßbereich steigt entsprechend der Meßlänge der Spindel um 25 mm an: 0···25; 25···50; 50···75 mm usw.. Bügelmikrometer werden für Durchmesser bis etwa 4 Meter ausgeführt, s. Abb. 35.

Bei den großen Abmessungen wird der Amboß und mitunter auch das Mikrometerwerk verstellbar angeordnet, so daß der Meßbereich größer als 25 mm ist, z. B. $3\cdots3{,}5$ Meter. Man muß in diesem Falle den Amboß und das Mikrometerwerk mittels Endmaßen (Abschnitt 13) von 25 zu 25 mm einstellen.

Präzisions-Mikrometer sind in DIN 863 genormt. Der zulässige Gesamtfehler des Mikrometers ist

$$\text{für Gütegrad I:}\quad \pm\left(0{,}002\ \text{mm} + \frac{\text{Meßlänge}}{100\,000}\right),$$

$$\text{,, ,, II:}\quad \pm\left(0{,}005\ \text{mm} + \frac{\text{Meßlänge}}{50\,000}\right).$$

Diese Fehler werden durch Ausmessen mit Endmaßen unter Anwendung der Ratsche festgestellt. Die Ebenheit und die Parallelität der Meßflächen ist außerdem wichtig und darf die in DIN 863 festgelegten Grenzen nicht überschreiten.

Außer der Mikrometer-Ausführung mit ebenen Meßflächen gibt es andere, deren Meßflächen sich nach dem Prüfzweck richten. Zum Messen des Flankendurchmessers von Gewinden verwendet man korn- und kimmenförmige Meßstücke, Abb. 36, deren Abmessungen dem Gewindeprofil des Prüflings angepaßt sind.

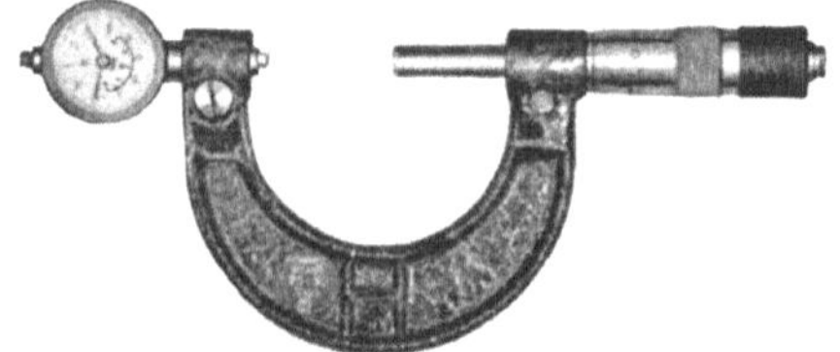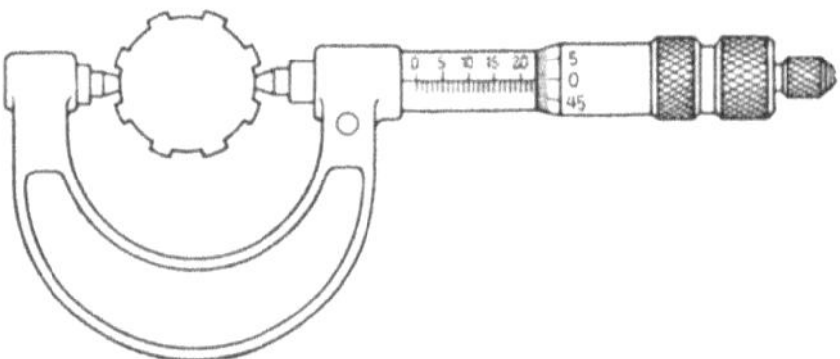

Abb. 36. Mikrometer zum Messen des Flankendurchmessers von Gewinden. Mit auswechselbaren Gewindemeßstücken (Korn und Kimme) und Meßuhr.

Abb. 37. Mikrometer zum Messen des Grunddurchmessers von Keilwellen.

Damit man nicht für jede Gewindesteigung und jedes Gewindeprofil ein besonderes Mikrometer benötigt, sind die Gewindemeßstücke auswechselbar. Soll der Grunddurchmesser von Keilwellen gemessen werden, so werden Spindel und Amboß bis auf einen Meßflächendurchmesser von etwa 3 mm zugespitzt (Abb. 37). Die Zahnweite von Zahnrädern (ein Maß, das über mehrere Zähne hinweg gemessen

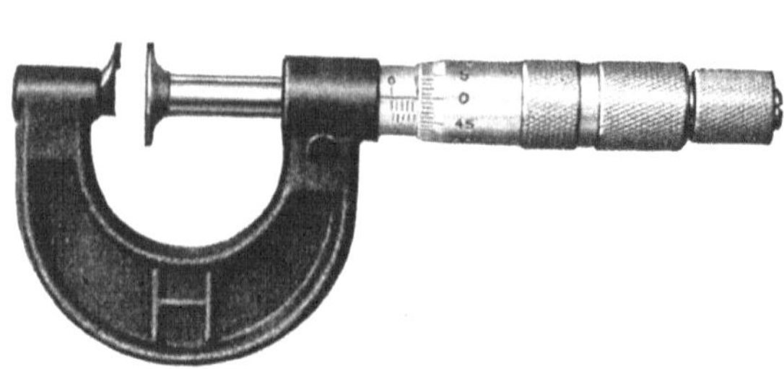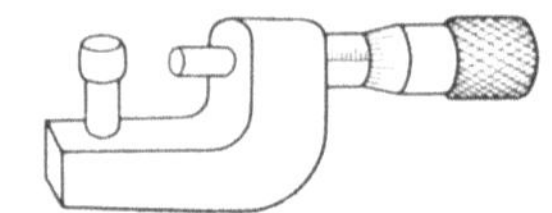

Abb. 39. Mikrometer zum Messen von Rohrwandstärken.

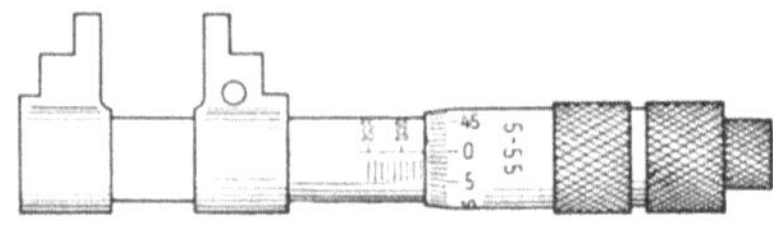

Abb. 40. Mikrometer für Innenmessungen. Stärke der Schnabelansätze zusammen 5 mm, abgesetzt auf 30 mm. Meßbereich $5\cdots55$ mm.

Abb. 38. Mikrometer zum Messen der Zahnweite von Zahnrädern.

wird) kann mit dem Zahnweiten-Mikrometer, Abb. 38, gemessen werden. Zur Messung der Wandstärke von Rohren dient ein Mikrometer, dessen Amboßmeßfläche ballig ist, Abb. 39. Mikrometer für Innenmessungen haben entweder Meßschnäbel (Abb. 40) oder sind als Mikrometer-Stichmaß ausgebildet, Abb. 41. Diese Stichmaße können mit Verlängerungen ausgestattet sein, so daß man mit einem Hauptkörper, der die Meßspindel trägt, und z. B. 5 Verlängerungen einen

Meßbereich von 100···500 mm ausmessen kann. Eine andere Ausführung, mit Schubstichmaßen (Abb. 42), wird teleskopartig auseinandergezogen und erreicht dadurch einen größeren Meßbereich, z. B. 3000···4000 mm. Tiefen- und Absatzmessungen werden mit einem Tiefenmikrometer ausgeführt, Abb. 43.

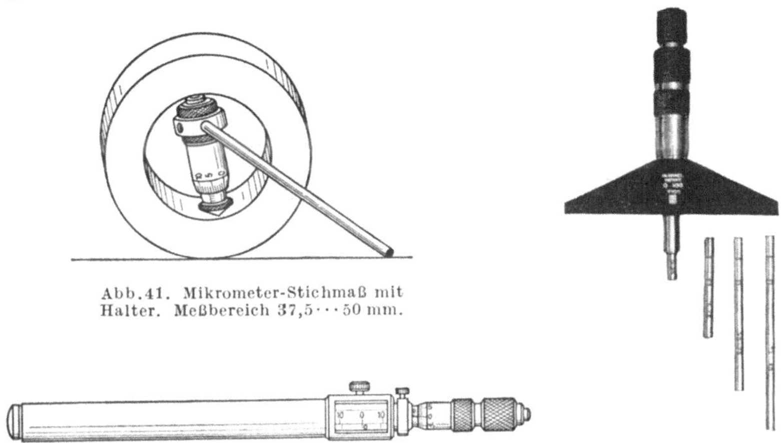

Abb. 41. Mikrometer-Stichmaß mit Halter. Meßbereich 37,5···50 mm.

Abb. 43. Tiefenmikrometer mit Einsätzen verschiedener Länge.

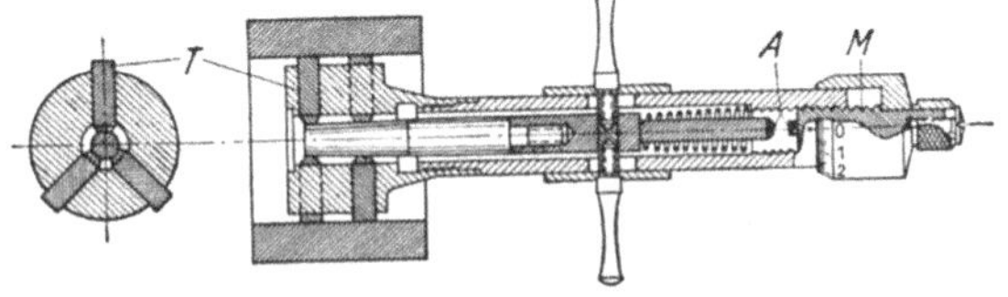

Abb. 42. Mikrometer-Schubstichmaß. Teleskopartig ausziehbar um 0,5···1 m. Meßbereiche bis 8 m.

Außer den oben genannten Innenmikrometern gibt es Ausführungen, die das Gewinde nicht direkt, sondern indirekt zur Maßbestimmung verwenden. Es ist dies z. B. das Mikro-Maag-Kaliber, Abb. 44, bei dem die Meßbolzen durch einen

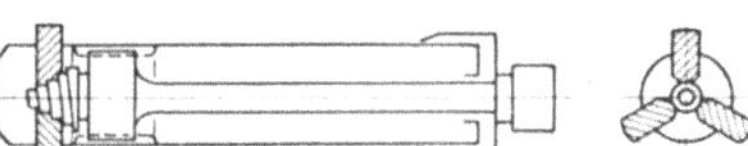

Abb. 44. Mikro-Maag-Kaliber. T = Tastbolzen; M = Meßspindel; A = Anschlagflächen.

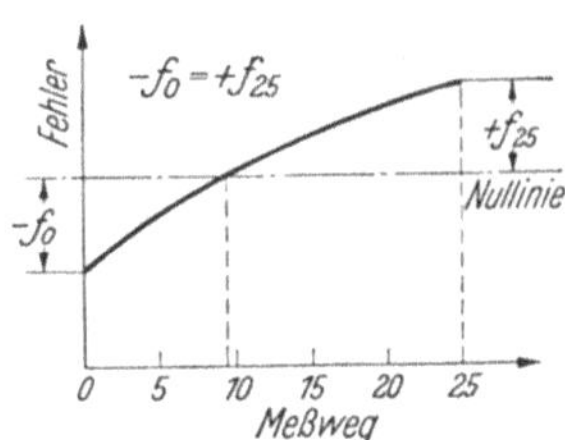

Abb. 46. Fehlerkurve eines Mikrometers. Einstellung so, daß der größte Fehlerunterschied halbiert wird.

Abb. 45. Tesa-Innenmikrometer. Kegelgewinde verschiebt die Tastbolzen.

kegeligen Dorn unter Federkraft nach außen zur Anlage an die Bohrungswand getrieben werden. Die Lage des kegeligen Dorns wird durch Anstellen eines Mikrometers an seine Stirnfläche bestimmt und daraus der von den Meßbolzen eingehaltene Durchmesser abgeleitet.

Eine andere Ausführung eines Innenmeßgerätes verwendet ein kegeliges Flachgewinde, das die Meßbolzen bewegt. Dieses Gewinde wird durch ein Meßgewinde betätigt, an dessen Trommel der durch die Meßbolzenflächen dargestellte Durchmesser abgelesen wird (Abb. 45).

Da die Mikrometer mit Endmaßen oder Einstellmaßen eingestellt werden, ist darauf zu achten, daß das Einstellen und das spätere Messen mit derselben Meßkraft vorgenommen wird. Das bedeutet, daß unter Anwendung der Ratsche eingestellt und gemessen werden muß. Bei der Einstellung wird der größte Fehler-

unterschied, der sich beim Ausmessen der Meßspindel gezeigt hat, halbiert, indem
man der Nullstellung eine bestimmte Abweichung gibt, s. Abb. 46.

Bei der *Ablesung* von Mikrometern,
deren Meßspindel 0,5 mm Steigung
hat, ist zu beachten, daß die halben
Millimeter richtig eingesetzt werden,

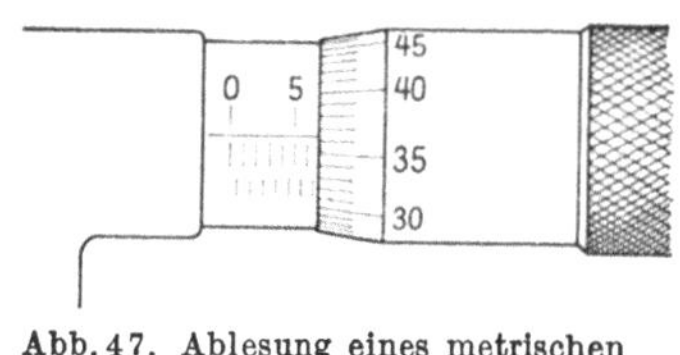

Abb. 47. Ablesung eines metrischen
Mikrometers: 6,865 mm.

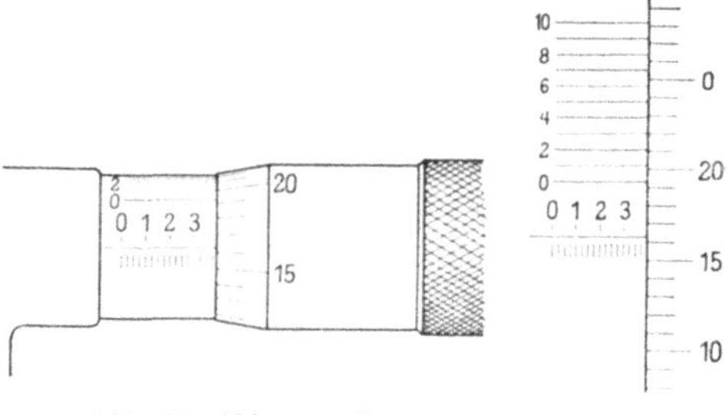

Abb. 48. Ablesung eines Zoll-Mikrometers:
$0,3 + {}^3/_{40} + {}^{16}/_{1000} + {}^3/_{10000} = 0,3913''$.

vgl. Abb. 47. Um Irrtümer zu vermeiden, muß die Meßtrommel in axialer
Richtung genau eingestellt werden. Die Ablesung von Zoll-Mikrometern in $^1/_{1000}$ Zoll
erforert ein Umrechnen der $^1/_{40}$ Zoll der Längsteilung in $^1/_{1000}$ Zoll: $^1/_{40}'' = \dfrac{25''}{1000}$;
s. Beispiel in Abb. 48.

D. Verkörperung von Ebenen.

22. Platten. Für viele Messungen an komplizierten Körpern benötigt man die
Darstellung einer Bezugsebene oder Bezugsachse. Von dieser Ebene oder Achse
ausgehend, die für den jeweiligen Fall als fehlerfrei betrachtet oder deren Abweichungen berücksichtigt werden, können verschiedene Maße bestimmt und zueinander in Beziehung gebracht werden. Sind z. B. an einem Gehäuse mehrere
Bohrungen, die Lage ihrer Achsen zueinander und zu einer bestimmten Fläche
am Gehäuse zu messen, so baut man zweckmäßig dasselbe auf einer Meßplatte
oder Tuschierplatte auf und mißt von dieser Bezugsebene aus alle benötigten Maße,
beispielsweise mit Hilfe von Endmaßen.

Diese Platten bestehen im allgemeinen aus Gußeisen, sind auf der Rückseite
verrippt, um gute Steifigkeit zu erhalten (s. Abb. 49), und werden für verschiedene
Genauigkeitsgrade fertigbearbeitet, gehobelt oder geschabt. Sie stehen auf drei
Füßen, wodurch stets eine eindeutig definierte Aufstellung gegeben ist. Abmessungen und Genauigkeit sind in DIN 876, Bl. 1 u. 2, genormt.

Die zulässigen Ebenheitsfehler sind als Abweichungen von einer mittleren Ebene wie
folgt festgelegt:

$$\text{Genauigkeit I: (enggeschabt)} \quad \pm \left(0,005 \text{ mm} + \frac{\text{Kantenlänge}}{200\,000} \right)$$

$$\text{,,} \quad \text{II: (normalgeschabt)} \ \pm \left(0,01 \text{ mm} + \frac{\text{Kantenlänge}}{100\,000} \right)$$

$$\text{,,} \quad \text{III: (nur gehobelt)} \quad \pm \left(0,02 \text{ mm} + \frac{\text{Kantenlänge}}{50\,000} \right)$$

Die Prüfung einer Platte auf Ebenheit wird mit Hilfe eines Lineals durchgeführt, das auf zwei gleich große Endmaße aufgesetzt wird, Abb. 50. Die Entfernung zwischen Lineal und Platte wird an mehreren Stellen mit Endmaßen
gemessen. Die Unterschiede dieser Maße zeigen die Ebenheitsfehler der Platte
an den betr. Stellen an.

Wird die Platte als Bezugsebene verwendet, so steht sie im allgemeinen waagrecht, Füße nach unten, die Meßfläche meistens mit einer Wasserwaage horizontal

ausgerichtet. Wie der Name „Tuschierplatte" sagt, wird sie jedoch nicht nur zum Messen, sondern auch zum Tuschieren verwendet. Darunter versteht man das Aufreiben der Tuschierplatte mit dünn verteilter Farbe auf der Fläche, die „antuschiert" werden soll. Dies hat den Zweck, die hohen Punkte dieser Fläche deutlich sichtbar zu machen. Es ist ein Vergleich der zu prüfenden Fläche mit der Tuschierplatte, der jedoch nicht zuverlässig ist, weil sich beide Körper bis

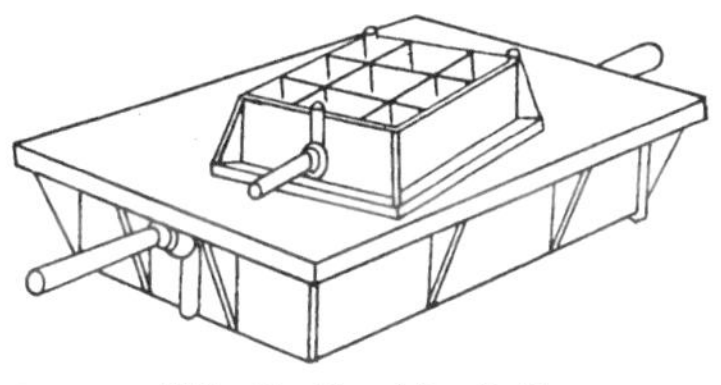

Abb. 49. Tuschierplatten.

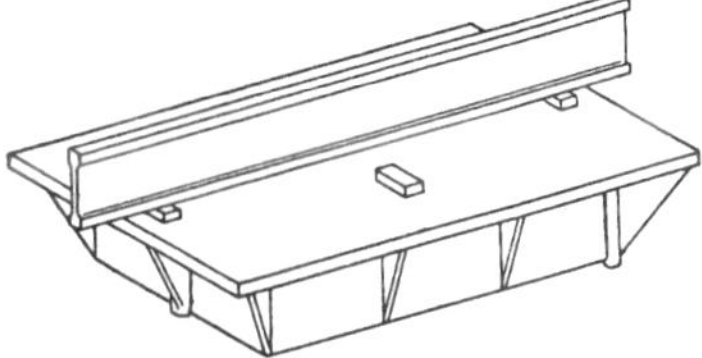

Abb. 50. Prüfen der Ebenheit einer Tuschierplatte. Lineal sitzt auf zwei gleich großen Endmaßen, das dritte dient zum Ausmessen.

zu einem gewissen Grad aneinander angleichen. Für lange, schmale Flächen, z. B. Führungen, gibt es Tuschierlineale (Abb. 51), die auch aus Gußeisen bestehen, parabelförmig verrippt sind und in den gleichen Gütegraden wie die Tuschierplatten hergestellt werden.

Kleinere Platten (bis etwa 200 mm Durchmesser) werden auch aus Stahl, gehärtet und geschliffen, hergestellt. Die Genauigkeit ihrer Ebenheit ist etwa $\pm 0,002$ mm.

Platten höchster Genauigkeit, die zum Prüfen mittels Lichtinterferenz dienen,

Abb. 51. Tuschierlineal. Länge 3 m.

Abb. 52. Haarlineal. Gehärtet und geschliffen; Messerkante genau justiert.

bestehen aus Quarzglas und haben etwa 60 mm Durchmesser. Ihre Abweichung von der Ebenheit darf höchstens 0,0001 mm betragen.

23. Lineale. Zur Darstellung von Bezugsachsen und geraden Linien (Bezugskanten) verwendet man in vielen Fällen Lineale, in der Hauptsache Stahllineale. Mit Ausnahme der Haarlineale haben sie einen rechteckigen Querschnitt und werden bis zu 5 Meter Länge (in Ausnahmefällen auch länger) hergestellt. Der vielseitigen Verwendung entsprechend gibt es verschiedene Genauigkeiten und Ausführungen, die in DIN 874 genormt sind.

Die zulässigen Abweichungen der Ebenheit der Meßflächen sind in DIN 874 wie folgt festgelegt:

$$\text{für Haarlineale} \quad \pm \left(0,001 \text{ mm} + \frac{\text{Länge}}{500\,000} \right)$$

$$\text{,, Normallineale} \quad \pm \left(0,001 \text{ mm} + \frac{\text{Länge}}{200\,000} \right)$$

$$\text{für Werkstattlineale Gütegrad I:} \pm \left(0,002 \text{ mm} + \frac{\text{Länge}}{100\,000} \right)$$

$$\text{,, \quad ,, \quad ,, \quad II:} \pm \left(0,005 \text{ mm} + \frac{\text{Länge}}{50\,000} \right) .$$

Das Haarlineal hat keine Meßfläche, sondern nur eine Meßkante (Abb. 52). Es ist dadurch sehr gut zur Ebenheitsprüfung nach dem Lichtspaltverfahren geeignet. Man kann mit ihm Lichtspalte von 0,001 mm noch erkennen, die durch die Beugung des Lichtes an der Linealkante vergrößert erscheinen.

Normallineale über 2 Meter Länge und Werkstattlineale Gütegrad I über 2,5 Meter Länge werden an den Seitenflächen ausgespart, so daß ein I- Querschnitt entsteht, Abb. 53. Die schmalen Seiten des Querschnitts sind die Meßflächen, die den oben genannten Genauigkeiten genügen müssen.

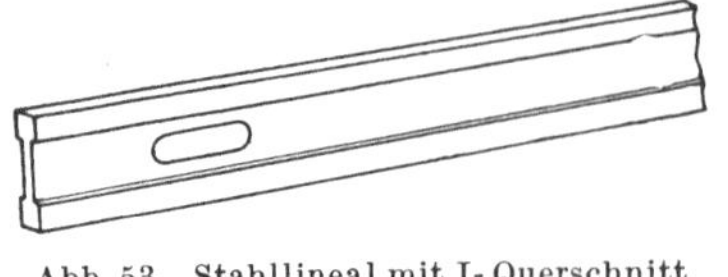

Abb. 53. Stahllineal mit I- Querschnitt und Handschlitzen.

Bei Auflage der Lineale an zwei Punkten ist die geringste Durchbiegung vorhanden, wenn diese Punkte um je 0,22315 mal Lineallänge von den Enden entfernt sind. Die Durchbiegung durch das Eigengewicht kann bei dieser Unterstützung außer Betracht bleiben. Für genaue Arbeiten ist die Durchbiegung zu berücksichtigen, wenn eine andere Unterstützung, z. B. an den Enden des Lineals, gewählt werden muß.

Durch die Meßflächen der Lineale, ausgenommen der Haarlineale, ist eine Ebene gegeben, so daß die Lineale wie die Platten zur Darstellung von Bezugsebenen verwendet werden können.

IV. Anzeigende Meßgeräte mit Übersetzung.

Die im Kapitel III behandelten elementaren Meßmittel verkörpern bestimmte Maße: die Endmaße durch den festen Abstand ihrer Meßflächen, die Maßstäbe durch die festen Abstände ihrer Strichmarken, die Meßschrauben durch die festen Abstände ihrer Gewindegänge; Platten und Lineale stellen Ebenen und Kanten von bestimmter Ausdehnung dar. Im Gegensatz zu den elementaren Meßmitteln zeigen die anzeigenden Meßgeräte *Maßunterschiede* an, und zwar den Unterschied zwischen dem Einstellmaß und dem Prüfling. Die *Einstellung* ist also ein Merkmal der anzeigenden Meßgeräte; sie erfolgt in den meisten Fällen mit Endmaßen.

Es ist im Verwendungszweck der anzeigenden Meßgeräte begründet, daß die Maßunterschiede zwischen Einstellmaß und Prüfling nicht in natürlicher Größe, sondern vergrößert angezeigt werden. Diese Vergrößerung, die man *Übersetzung* nennt, ist ein weiteres, sehr wichtiges Merkmal der anzeigenden Längenmeßgeräte. Sie kann mit verschiedenartigen Mitteln bewerkstelligt werden: es gibt mechanische, hydraulische, pneumatische, elektrische und optische Übersetzungsmittel. Die Art der Übersetzung dient als Unterscheidungsmerkmal der anzeigenden Meßgeräte.

Das eigentliche Anzeigegerät ist bei vielen Konstruktionen so ausgebildet, daß es in verschiedene Meßeinrichtungen eingebaut werden kann. Die Auswechselbarkeit geht so weit, daß in einen Meßständer als Grundkörper sowohl mechanische als auch pneumatische oder elektrische Anzeigegeräte eingesetzt werden können.

Neben einfachen Meßgeräten gibt es sog. Meßmaschinen, die infolge ihres größeren Aufwandes vielseitiger verwendbar sind und oft auch höhere Genauigkeiten erreichen als die erstgenannten.

Je nach dem Verwendungszweck des Meßgerätes und damit zusammenhängend abhängig von der Größe des Prüflings werden die Anzeigegeräte in Handgeräte oder in Ständergeräte eingebaut. Die ersteren werden bei der Messung zu dem Prüfling gebracht; bei letzteren wird der Prüfling zum Meßgerät gebracht.

Optische Meßgeräte, deren optische Mittel nicht zur Übersetzung von Maßunterschieden, sondern zur Vergrößerung der Prüflingsform (wie z. B. bei Meßmikroskopen und Projektionsapparaten) oder zur Maßvermittlung auf andere Weise dienen, werden in Kapitel V behandelt.

A. Mechanische Übersetzung.

24. Meßuhren. Die Meßuhr ist eines der ältesten mechanischen Meßgeräte mit Zeiger, Abb. 54. Ihren Namen verdankt sie ihrer äußeren Form und der Tatsache, daß die Übersetzung durch Zahnräder geschieht. In dem Schaft der Meßuhr ist der Taststift gelagert, der eine Zahnstange trägt, durch die seine Längsbewegung auf die Zahnräder übertragen wird, die die Drehbewegung des Zeigers hervorrufen. Der am häufigsten benutzte Meßuhrentyp hat einen Gehäusedurchmesser von 55···60 mm und einen Meßbereich von 10 mm. Eine Umdrehung des großen Zeigers entspricht 1 mm Meßweg des Tastbolzens. Da das Zifferblatt in 100 Teile geteilt ist, zeigt ein Intervall 0,01 mm Meßweg an. Ein zweiter (kleiner) Zeiger gibt die ganzen Millimeter an.

Der Gehäusedurchmesser der verschiedenen Meßuhrentypen schwankt zwischen 30 und 100 mm. Außer der $^1/_{100}$ mm-Ablesung gibt es $^1/_{1000}$ mm-Ablesung bei einem Meßweg von 0,1···2 mm. Bei Zolleinteilung ist die Ablesung $^1/_{1000}$, $^1/_{2000}$ oder $^1/_{10000}''$, der Meßbereich ist 0,5'' bzw. 0,05''.

Die sog. Anschlußmaße der Meßuhren sind in DIN 878 Bl. 1 genormt, s. Abb. 55. Es betrifft dies insbesondere den Schaftdurchmesser, der mit 8 mm festgelegt ist.

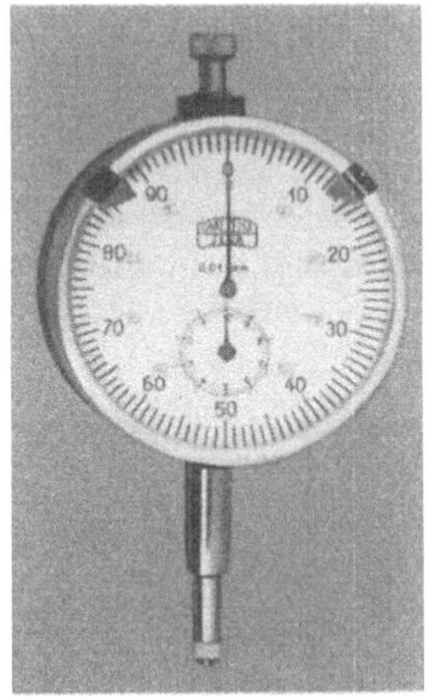

Abb. 54. Meßuhr. Ablesung 0,01 mm, Meßbereich 10 mm.

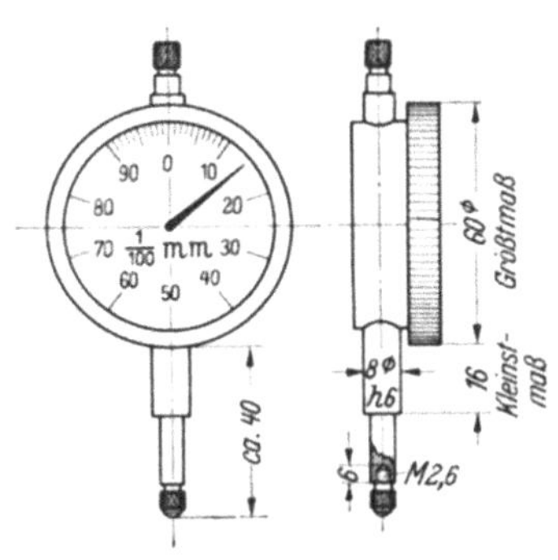

Abb. 55. Anschlußmaße der Meßuhren nach DIN 878 Bl. 1. Maß „40" gilt für die äußere Endstellung des Tastbolzens.

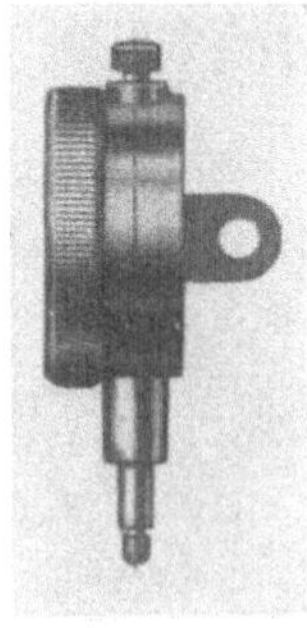

Abb. 56. Meßuhr mit Öse.

Dadurch ist es möglich geworden, Meßuhren verschiedener Herkunft gegenseitig auszuwechseln. Im allgemeinen wird die Meßuhr an ihrem Schaft in die Meßgeräte eingespannt; in besonderen Fällen dient hierzu eine Öse, die am Boden des Meßuhrengehäuses befestigt ist, Abb. 56.

Das Zifferblatt der Meßuhr ist drehbar, damit der Nullstrich der Teilung in jeder beliebigen Stellung des Zeigers auf diesen eingestellt werden kann. Mitunter ist eine Feststellschraube für das Zifferblatt vorhanden. Zur Festlegung von Grenzmaßen werden einstellbare Toleranzzeiger verwendet. Zur Erleichterung des Anhebens des Tastbolzens dienen Anlüfthebel, die zusätzlich angebracht werden können. Bei manchen Ausführungen kann der Zeiger durch Drehen des oberen Rändelknopfes beliebig verstellt werden. Die Tasterkörper (Spitze, Kugel oder Fläche) sind auswechselbar.

Die Genauigkeit der Meßuhren mit einem Skalenwert von 0,01 mm und einem Meßbereich bis zu 10 mm ist in DIN 878 Bl. 2 genormt.

Es gibt drei Genauigkeitsgrade, für die folgende Gleichungen der zulässigen Fehler gelten:

$$\text{Genauigkeitsgrad} \quad \text{I:} \quad \pm\left(0{,}005 \text{ mm} + \frac{\text{Meßweg}}{1000}\right)$$

$$\text{,,} \qquad\qquad \text{II:} \quad \pm\left(0{,}010 \text{ mm} + 1{,}5\,\frac{\text{Meßweg}}{1000}\right)$$

$$\text{,,} \qquad\qquad \text{III:} \quad \pm\left(0{,}020 \text{ mm} + 2\,\frac{\text{Meßweg}}{1000}\right)$$

Die Meßkraft darf an keiner Stelle größer sein als 150 g, der Unterschied zwischen der größten und der kleinsten an irgendeiner Stelle des Meßbereiches gemessenen Meßkraft nicht größer als 70 g.

Neben dem zulässigen Fehler sind Grenzwerte für die Streuung und die Umkehrspanne festgelegt. Die Streuung an irgendeiner Stelle des Meßbereichs wird ermittelt, indem man den Tastbolzen mindestens fünf Mal auf die gleiche Prüffläche aufsetzt und die Unterschiede der Anzeige abliest. Die Umkehrspanne ist besonders für diejenigen Messungen von Bedeutung, bei denen der Tastbolzen seine Bewegungsrichtung ändert, z. B. bei der Messung des Rundlaufs (Schlags) einer Welle oder dgl. Sie wird ermittelt, indem an beliebiger Stelle des Meßbereichs die gleiche Meßgröße wiederholt bei hineingehendem und bei herausgehendem Tastbolzen gemessen wird. Der Unterschied der Anzeigen bei beiden Bewegungsrichtungen ist die Umkehrspanne.

Die Meßuhr wird für viele Meßzwecke verwendet. Sehr häufig dient sie zum Prüfen des Schlages von umlaufenden Teilen, sei es bei der Bearbeitung auf einer Werkzeugmaschine, bei der Kontrolle im Meßraum oder bei der Montage. Meistens wird hierbei ein Universalstativ verwendet, Abb. 57, mit dem die Meßuhr in jede beliebige Stellung im Raum gebracht werden kann. Auf die Bedeutung der Um-

Abb. 57. Meßuhr-Universalstativ.

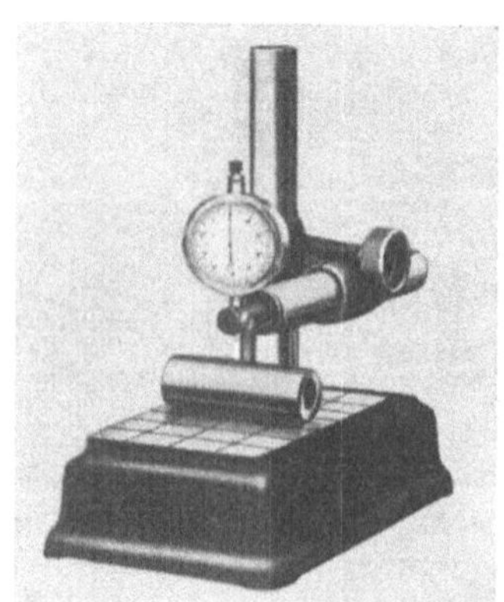

Abb. 58. Meßuhr-Dickenmesser.

kehrspanne für die Schlagprüfung wurde im vorigen Absatz schon hingewiesen. Das Universalstativ mit Meßuhr wird auch gerne auf der Anreißplatte zum Ausrichten und Messen von Werkstücken benutzt.

Wird die Meßuhr in einen Meßständer mit Tisch eingesetzt, so erhält man einen Dickenmesser, Abb. 58, der für Meßbereiche über 10 mm mit Endmaßen eingestellt wird. Durch Anbringen von Unterlagen verschiedener Art, z. B. Prismen, von Anschlägen usw. können diese Meßständer den zu messenden Werkstücken angepaßt werden.

Ein weiteres Anwendungsgebiet der Meßuhr ist die Messung von Bohrungen mit Innenmeßgeräten. Diese Meßgeräte arbeiten entweder mit Zweipunkt-Anlage oder mit Dreipunkt-Anlage. Bei der Zweipunkt-Anlage, Abb. 59, befinden sich die beiden Tastpunkte in einer Achsenschnittebene der Bohrung. Zur Zentrierung des Gerätes helfen zwei Stützpunkte, die federnd gelagert sind und dafür sorgen, daß die Verbindungslinie der Tastpunkte durch die Mitte der Bohrung geht. Die Dreipunkt-Anlage, Abb. 60, wird durch 3 um je 120° versetzte Tastpunkte erreicht und

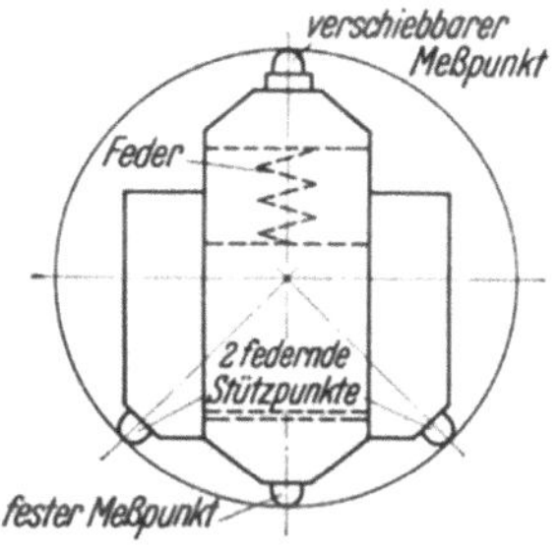

Abb. 59. Schema eines Innenmeßgerätes mit Zweipunkt-Anlage. Zwei weitere Stützpunkte besorgen die Zentrierung.

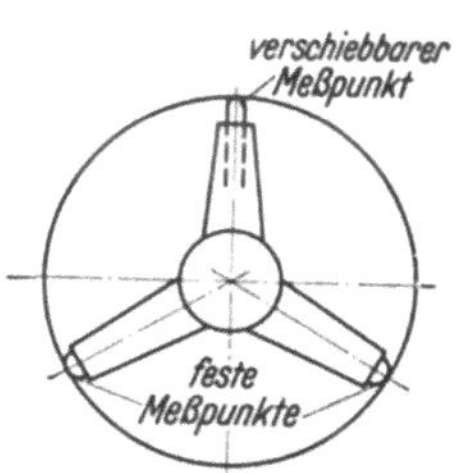

Abb. 60. Schema eines Innenmeßgerätes mit Dreipunkt-Anlage.

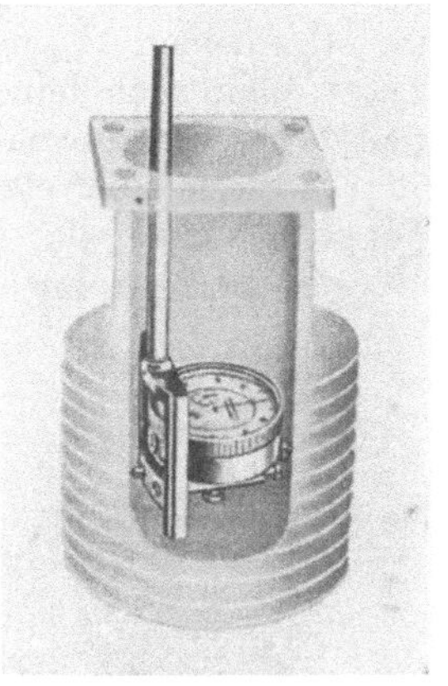

Abb. 61. Innenmeßgerät mit Motorenzylinder.

kommt hauptsächlich dann in Frage, wenn die Rundheit einer Bohrung (Gleichdickform) geprüft werden soll. Ein Zylindermeßgerät, insbesondere für Automobil-Motorenzylinder, zeigt Abb. 61. Diese Geräte werden mit einem Einstellring auf das gewünschte Maß eingestellt.

Ebenso wie für Innenmessungen wird die Meßuhr auch für Außenmessungen mit tragbaren Geräten eingesetzt. Rachenlehrenähnliche Meßbügel mit Meßuhr, Abb. 62, die mit einer Meßscheibe eingestellt werden, findet man neben Mikrometern mit

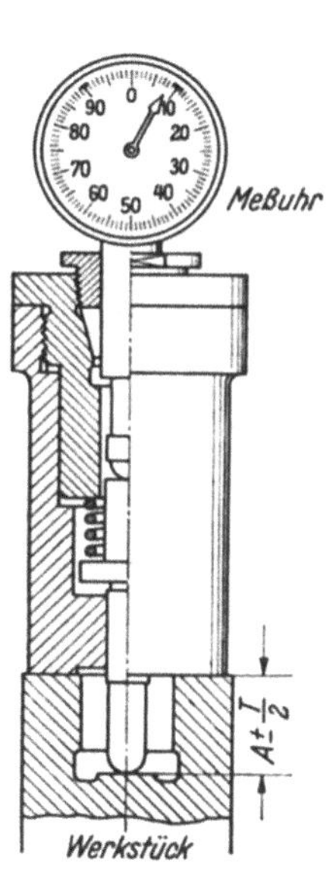

Abb. 63. Sondermeßgerät mit Meßuhr. Messen des Tiefenmaßes A; $T =$ Werkstücktoleranz.

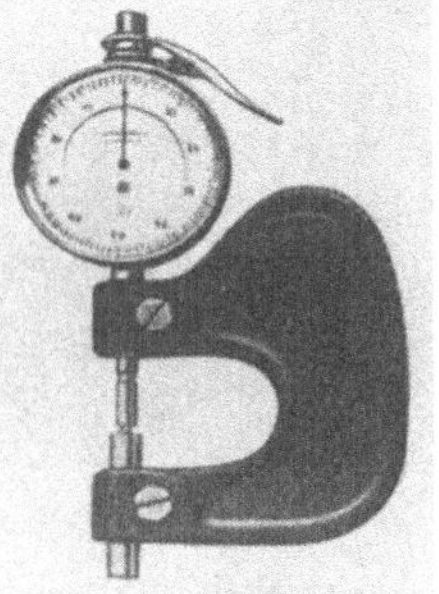

Abb. 62. Meßbügel mit Meßuhr.

Abb. 64. Längenmeßapparat. Meßuhr als Stellungsanzeiger. (Hommel).

Meßuhr, Abb. 36, mit denen ein größerer Meßbereich erfaßt werden kann.

Unübersehbar ist die Anwendung der Meßuhr in Vorrichtungen und Sondermeßgeräten, z. B. Abb. 63. Häufig wird die Meßuhr nicht zum direkten Messen, sondern nur als Stellungsanzeiger verwendet, der angibt, wann ein bestimmtes Teil, z. B. der Schlitten einer Werkzeugmaschine, der Prüfling auf einem Längenmeßapparat (Abb. 64) usw., eine vorherbestimmte Stellung erreicht hat.

25. Feintaster. Benötigt man ein Anzeigegerät, dessen Genauigkeit höher ist als die der Meßuhr, dann greift man zum Feintaster. Während man an der Meßuhr im allgemeinen $^1/_{100}$ mm abliest, ist die Ablesung am Feintaster $^1/_{1000}$ mm, mitunter auch noch feiner. Der Meßbereich ist jedoch kleiner als bei der Meßuhr und liegt, von Ausnahmen abgesehen, zwischen 0,02 und 0,2 mm.

Die große Übersetzung der Feintaster wird im allgemeinen durch einfache oder doppelte Hebel oder durch Hebel in Verbindung mit Zahnrädern erreicht. Die Hebel sind in Schneiden gelagert. Einer der ältesten Feintaster mit einfacher

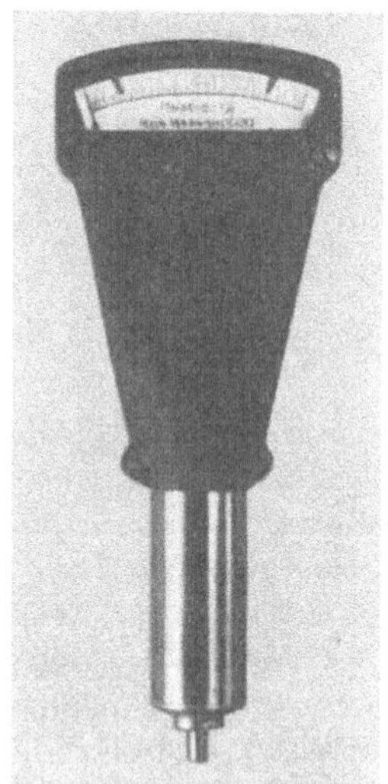

Abb. 65. Feintaster mit
μ-Anzeige (Hirth-Minimeter).

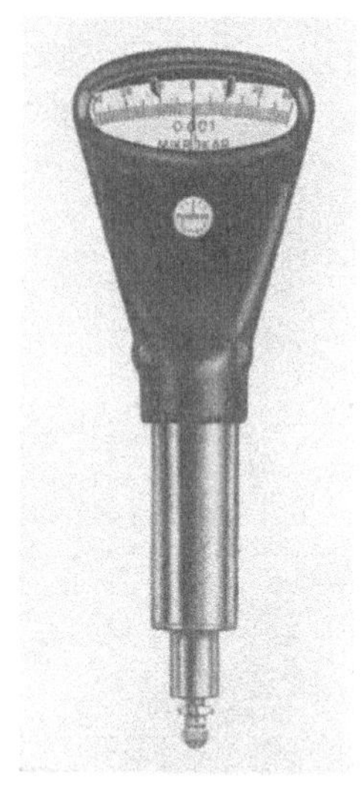

Abb. 66. Feintaster Mikrokar
(Karstens). Anzeige 1 μ,
Meßbereich ±0,03 mm.

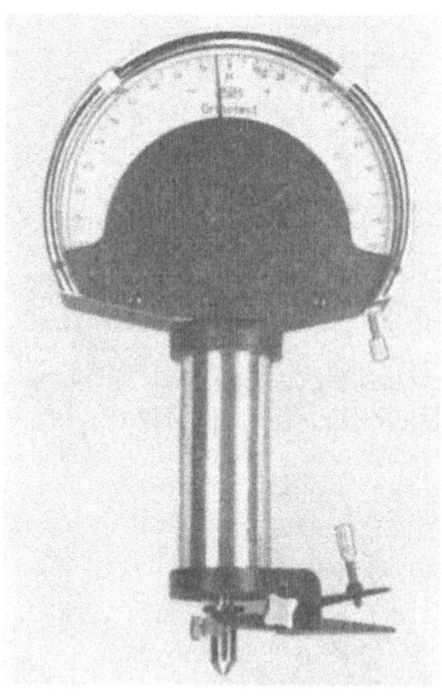

Abb. 67. Feintaster Orthotest (Zeiß).
Anzeige 1 μ, Meßbereich ±0,1 mm.

Hebelübersetzung ist das HIRTH-*Minimeter*, Abb. 65, das bei $^1/_{1000}$ mm Anzeige einen Meßbereich von 0,06 mm hat. Ähnliche Geräte sind der Kruppsche *Mikrotast* und der *Mikrokar* von Karstens, Abb. 66. Ein Feintaster mit doppelter Hebelübersetzung ist der *Compar* von KEILPART.

Die Kombination von Hebel- und Zahnradübersetzung findet sich bei dem Zeißschen *Orthotest*, Abb. 67, und dem *Millimeß* von Mahr, Abb. 68. Bei einer Anzeige von $^1/_{1000}$ mm haben diese Geräte einen Meßbereich von 0,2 bzw. 0,1 mm. Der Klein-Millimeß, der weniger Platz beansprucht als der Millimeß, hat einen Meßbereich von 0,1 mm.

Bei allen diesen Geräten ist wichtig, daß sie einen sog. Freihub haben, der bei plötzlichen Stößen auf den Tastbolzen ausgelöst wird. Dieser kann um etwa 2···5 mm ausweichen, so daß bei stoßartiger Beanspruchung der Tastbolzen wohl bewegt wird, aber diesen Stoß nicht auf das Meßwerk überträgt.

Ein Feintaster, der jede äußere Reibung vermeidet, ist der *Mikrokator* von JOHANSSON, Abb. 69. Sein Hauptelement ist ein verdrilltes Federband [16], in dessen Mitte ein Zeiger angebracht ist und das durch die Meßkraft in seiner Längsrichtung gezogen wird. Eine Verlängerung des Federbandes ist begleitet von einer Drehung des Zeigers, dadurch hervorgerufen, daß das Band von der Mitte aus auf der einen Seite rechts, auf der anderen Seite links verdrillt ist. Diese Anordnung gestattet Vergrößerungen bis zu 10000:1. Der Tastbolzen des Mikrokator besitzt keine Gleitlager, sondern ist an Metallmembranen befestigt. An seinem oberen Ende ist ein Winkelhebel angebracht, dessen Gelenk ebenfalls durch Plattfedern gebildet wird und der die Bewegung des Tastbolzens auf das senkrecht zu dieser Bewegungsrichtung ange-ordnete verdrillte Feder-band überträgt. Es tritt also nur eine innere Reibung in den federnden Elementen auf. Bei $^1/_{1000}$ mm Anzeige ist ein Meßbereich von 0,06 mm vorhanden.

Die äußeren Formen der Feintaster haben sich gegen-seitig etwas angeglichen. Die Anschlußmaße sind in DIN E 879 genormt Die Schaftdurchmesser werden meistens mit 28 mm ausgeführt Die Meßkraft bewegt sich etwa zwischen 150 und 300 g. Die Tasterkörper, meistens Kugeln, sind auswechselbar. Zum Anheben des Tastbolzens können Anlüfthebel, mitunter mit Fernauslösung durch Bowdenzug, angebracht werden.

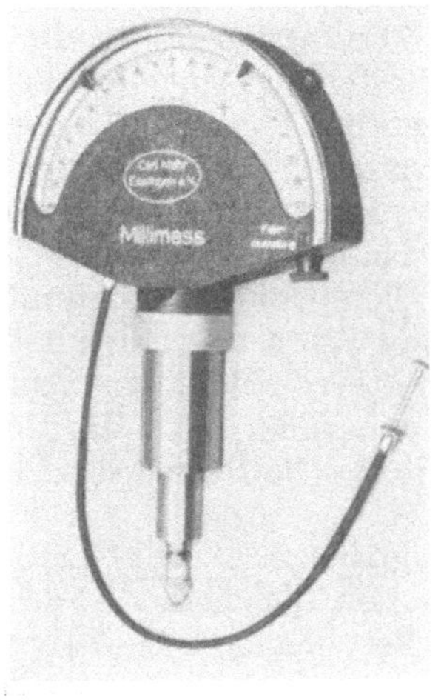

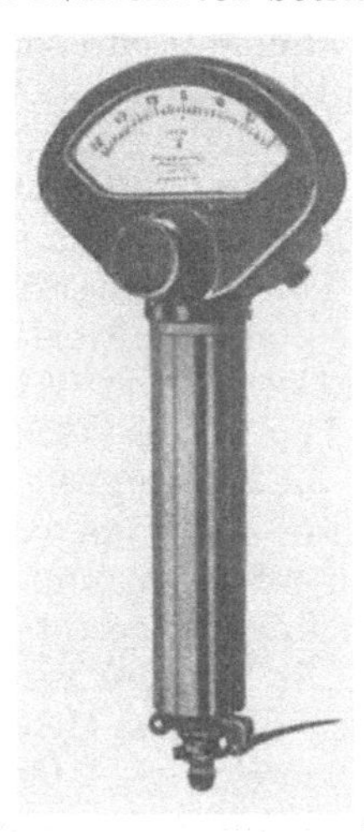

Abb. 68. Feintaster Millimeß (Mahr) mit Drahtzug zum Anlüften. Anzeige 1 μ, Meßbereich $\pm$ 0,1 mm.

Abb. 69. Feintaster Mikrokator (Johansson). Übersetzungs-mittel: verdrilltes Federband.

Die Feintaster werden in der Hauptsache zu Vergleichsmessungen verwendet. Bei Außenmessungen sitzen sie in einem in der Höhe verstellbaren Arm eines Meßständers, dessen Meßtisch dem Verwen-dungszweck angepaßt ist. Ein solcher Meß-ständer mit Mikrokar ist in Abb. 70 dargestellt. Das Gerät wird mit Endmaßen eingestellt und

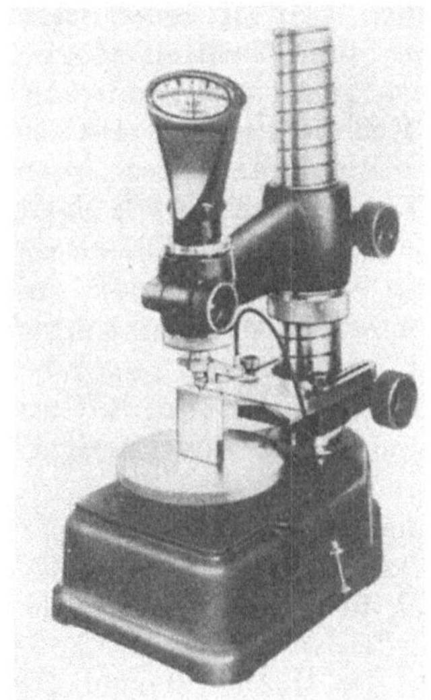

Abb. 70. Meßständer mit Feintaster.

Abb. 71. Reiterlehre mit Feintaster.

der Feintaster zeigt die Abweichung des Prüflings von dem eingestellten Maß an. Die Hauptmaße solcher Ständer mit Tisch sind in DIN 2223 für mehrere

Größen genormt. In Abhängigkeit von der Meßhöhe sind die Maße für die Ausladung des Armes und der Säulendurchmesser festgelegt.

Zum Messen von zylindrischen Werkstücken, insbesondere auf Gleichdickform, werden Reiterlehren (Abb. 71) verwendet, in die ein Feintaster eingesetzt ist. Schließen die Schenkel der Reiterlehre einen Winkel von 60° ein, so zeigt der Feintaster die halbe Durchmesserabweichung an; bei entsprechender Bezifferung der Teilung kann auch die gesamte Durchmesserabweichung sofort abgelesen werden.

Für Innenmessungen werden Meßköpfe verwendet, die meistens nach dem Zweipunkt-Meßverfahren arbeiten und durch zwei Stützpunkte in der Bohrung zentriert werden, Abb. 59. Diese Geräte werden mit Einstellringen eingestellt.

Feinmeßgeräte für besondere Zwecke werden mit Feintastern ausgerüstet, wenn die Meßgenauigkeit der Geräte es erfordert. Feintaster mit $^1/_{1000}$ mm Ablesung sollten nur dann vorgesehen werden, wenn die Genauigkeit des ganzen Gerätes dem entspricht und wenn die Beschaffenheit des Prüflings eine Ausnutzung dieser Genauigkeit gestattet.

Die Lage im Raum, waagrecht oder senkrecht, ist bei guten Feintastern ohne Einfluß auf das Meßergebnis. Im allgemeinen ist der größte Fehler über den ganzen Meßbereich $\pm$ 0,001 mm. Bei kleineren Meßwegen ist der Fehler kleiner als 0,001 mm.

B. Hydraulische Übersetzung.

26. Meßdose. Die älteste Übersetzung für Längenmeßgeräte, die in das Gebiet des Zehntausendstel Millimeter vordrang, ist die hydraulische Übersetzung. Bei ihr wird der Weg (Meßweg) einer Flüssigkeitssäule mit großem Querschnitt umgewandelt in den Weg (Anzeigeweg) einer solchen mit kleinem Querschnitt. Da

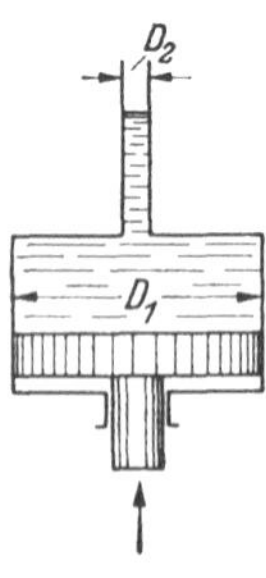

Abb. 72.
Hydraulische
Übersetzung.
Wege der
Wassersäulen

$$\frac{s_1}{s_2} = \frac{D_2^2}{D_1^2}$$

sich die Querschnitte, wenn sie rund sind, wie die Quadrate ihrer Durchmesser verhalten, ist bei der Übersetzung 10000 : 1 das Verhältnis der Durchmesser 1:100, Abb. 72. Um die Schwierigkeit der Abdichtung eines Kolbens zu umgehen, wird an seiner Stelle eine elastische Membran verwendet, was ohne Nachteil möglich ist, weil der Meßweg, den die Membran zurücklegen muß, nur wenige Hundertstel Millimeter beträgt. Eine Meßdose besteht also aus einem Flüssigkeitsgehäuse, das durch eine Membran abgeschlossen und an das eine Kapillare angesetzt ist. Durch Druck auf die Membran wird die Flüssigkeit aus dem Gehäuse in die Kapillare verdrängt, wo sie einen großen Anzeigeweg zurücklegen muß. Als Flüssigkeit hat sich destilliertes Wasser bewährt, dem eine geringe Menge Farbstoff zur Verbesserung der Sichtbarkeit beigegeben werden kann. In der Meßdose tritt nur flüssige Reibung auf und die Membran arbeitet ohne äußere Reibung; die Zuverlässigkeit der Übersetzung ist daher sehr gut.

Die hydraulische Meßdose wird in der Hauptsache als Anzeigegerät einer Längenmeßmaschine verwendet, Abb. 73. Sie hat hier die Aufgabe, das subjektive Meßgefühl auszuschalten, die Nullstellung und damit auch die an dieser vorhandene stets gleiche Meßkraft anzuzeigen und Abweichungen von der Nullstellung in großer Übersetzung sichtbar zu machen. Auf der linken Seite des Meßmaschinenbettes befindet sich das Membrangehäuse mit der Kapillare, während auf der rechten Seite ein verschiebbarer Bock sitzt, der eine Meßspindel mit Teiltrommel trägt. Diese Längenmeßmaschine ist ein Vergleichsmeßgerät, das mit Endmaßen eingestellt wird. Diese werden zwischen die beiden Meßbolzen gebracht, von denen der eine mit der Meßspindel verbunden ist und der andere, der unter Federkraft steht, nach Überwindung eines Freihubes auf die Membran drückt. Beim Einstellen wird die Teiltrommel auf Null gestellt und durch Verschieben des Meßbockes, dessen Bewegung über die Endmaße auf den Meßbolzen des Membrangehäuses übertragen wird, die Wassersäule in der Kapillare auf ihre Nullmarke eingestellt. Dann wird durch Zurückdrehen der Meßspindel die Endmaßkombination freigegeben und die Einstellung durch anschließendes Zustellen der Meßspindel überprüft. Eine Verdrängerschraube am Membrangehäuse erleichtert das Einstellen der Wassersäule. Ist die Meßmaschine auf diese Weise eingestellt, dann werden die Endmaße herausgenommen und an ihre Stelle der Prüfling gesetzt (Substitutionsmethode).

Etwaige Abweichungen des letzteren von dem Einstellmaß werden an der Teiltrommel mittels Nonius abgelesen. Sehr kleine Abweichungen können auch an dem Stand der Wassersäule abgelesen werden. Die Vergleichsgenauigkeit dieser Längenmeßmaschine ist $\pm\left(0{,}05 + \dfrac{\text{Maßlänge}}{1000}\right)\mu$, wobei vorausgesetzt ist, daß die angezeigten Maßunterschiede nur wenige Tausendstel Millimeter groß sind, was durch die Wahl der Einstellmaße leicht zu erreichen ist. Infolge ihrer hohen Meßgenauigkeit wird diese Längenmeßmaschine, die für Meßlängen bis zu mehreren Metern gebaut wird, in der Hauptsache zum Messen von Lehren verwendet.

Die hydraulische Meßdose wird nicht nur bei Meßmaschinen mit waagrechter Meßstrecke, sondern auch bei Meßständern mit senkrechter Meßstrecke angewendet,

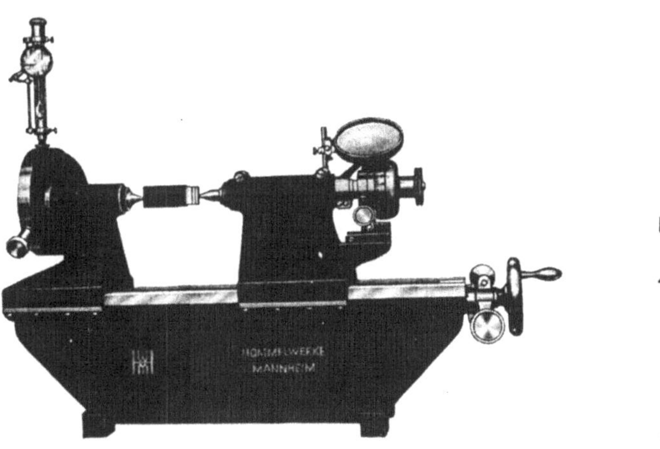

Abb. 73. Längenmeßmaschine mit hydraulischer Meßdose (Hommel).

Abb. 74. Meßständer mit hydraulischer Meßdose (Hommel).

Abb. 74. Da hierbei das Gewicht der Flüssigkeitssäule auf der Membran liegt, entstehen Schwierigkeiten, so daß diese Anordnung nur mit Übersetzungen von etwa 1000 : 1 ausgeführt wird.

C. Pneumatische Übersetzung.

27. Solex-Gerät. Die Anwendung eines Luftstromes als Übersetzungsmittel in Längenmeßgeräten geht auf das Solex-Gerät zurück, das die französische Firma Solex zum Messen ihrer Vergaserdüsen entwickelte. Ein gleichmäßiger Luftstrom von konstantem Druck fließt in dem Gerät durch eine Hauptdüse, die mit der Meßdüse durch eine Leitung verbunden ist. An der Meßdüse fließt die Luft durch einen veränderlichen Luftspalt aus, dessen Größe durch die Differenz zwischen dem Maß des Prüflings und dem eingestellten Maß bestimmt wird. Hierdurch wird der Staudruck in der Zwischenkammer beeinflußt, der mit einem Manometer gemessen wird. Die Anzeige des Manometers kann in Tausendstel Millimetern geeicht werden. Man unterscheidet Meßkopf und Anzeigegerät, die entweder fest oder nur durch eine Schlauchleitung miteinander verbunden sind. In dem Anzeigegerät ist meistens auch eine Vorrichtung zur Konstanthaltung des Luftdruckes untergebracht.

In Abb. 75 ist die Grundform des Solexgerätes, und zwar Druckregler und Anzeigegerät, schematisch dargestellt. Aus der Druckluftleitung a fließt die Luft durch ein Reduzierventil b und durch Reduzierdüsen c in das Gehäuse d, das bis zu einer bestimmten Höhe mit Wasser gefüllt ist. Die Reduzierdüsen c sind maßgeblich für die maximale Luftmenge, die das Gerät verarbeiten kann. Die nicht benötigte Luft kann durch das Wasser und dann durch Öffnungen im Gehäuse ins

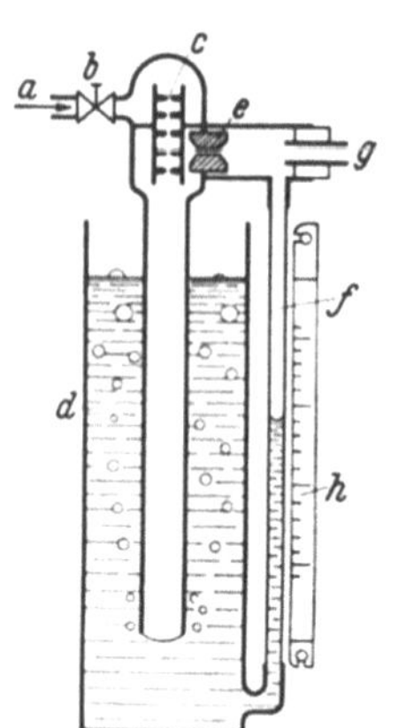

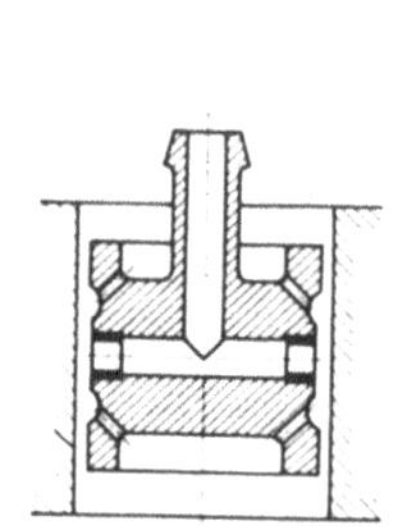

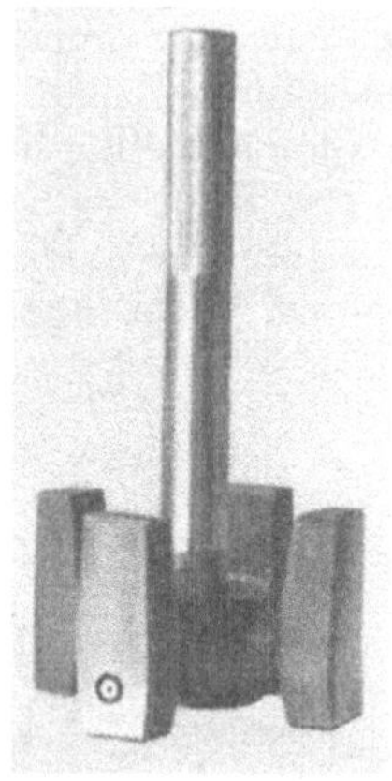

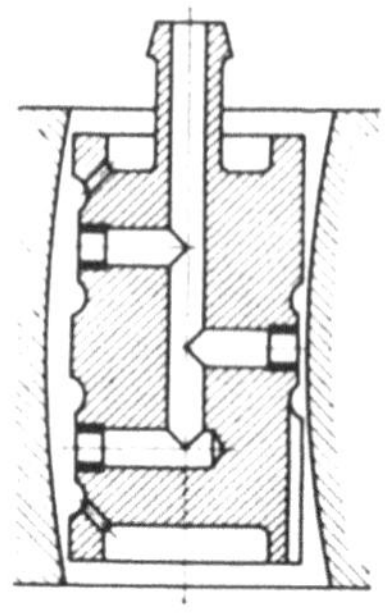

Abb. 78. Meßkopf mit versetzten Düsen für direkte pneumatische Messung einer Bohrung (Schema).

Abb. 75. Schema eines pneumatischen Meßgerätes (Solex).

Abb. 76. Meßkopf für direkte pneumatische Messung einer Bohrung (Schema).

Abb. 77. Meßkopf für die Bohrungsprüfung (Solex-Düsenprüfdorn).

Freie entweichen. Der Luftstrom tritt durch die Hauptdüse e in die Zwischenkammer, die mit der Glasröhre f des Manometers verbunden ist. Von der Zwischenkammer führt eine Leitung g zum Meßkopf, der dem jeweiligen Meßzweck entsprechend gestaltet ist. Der Wasserstand in der Glasröhre f, der die Maßunterschiede der mit dem Meßkopf gemessenen Werkstücke anzeigt, wird an der Skala h abgelesen. Mit der Hauptdüse e kann die Empfindlichkeit, d. h. die Übersetzung des Gerätes eingestellt werden.

Die pneumatischen Geräte erlauben sowohl eine direkte Messung, bei der der Luftstrom auf die Oberfläche des Prüflings ausströmt, als auch eine indirekte Messung mit mechanischen Taststiften, die einen Luftspalt steuern. Einen Meßkopf für die direkte Messung einer Bohrung zeigen Abb. 76 und 77. In ihm sind zwei sich gegenüberliegende Meßdüsen angeordnet, durch die der Luftstrom auf die Bohrungswandung ausfließt. Durch Drehen des Meßkopfes in der Bohrung kann man Unrundheit derselben feststellen. Mit einem Einstellring, in den der Meßkopf eingeführt wird, muß die Nullstellung der Wassersäule am Anzeigegerät ermittelt werden. Soll geprüft werden, ob eine Bohrung gerade ist, dann verwendet man einen Meßkopf mit versetzten Düsen, Abb. 78. Wird dieser Meßkopf in einer gekrümmten Bohrung gedreht, so entstehen verschiedene große Luftspalte an den

Meßdüsen, die verschiedene Anzeigen verursachen. Diese direkte Messung hat den Vorteil, daß die zu messenden Teile nur dem Luftstrom ausgesetzt werden und keine Abnutzung an Tastflächen oder Führungen von Taststiften u. dgl. auftritt. Nachteilig ist, daß keine Punktmessung durchgeführt werden kann, weil die Luftspalte stets eine gewisse Flächenausdehnung besitzen.

Das direkte Meßverfahren wird auch zur Messung von Querschnitten verwendet, z. B. bei kleinen Bohrungen (Vergaserdüsen). Zu beachten ist, daß hierbei nicht der Durchmesser, sondern der Querschnitt gemessen wird.

Wird auf eine punktförmige Messung mit Taststift Wert gelegt, dann kann z. B. für Außenmessungen ein Meßständer nach Abb. 79 verwendet werden. Bei diesem wird der Luftspalt an der Meßdüse von dem Taststift gesteuert. Dieser Meß-

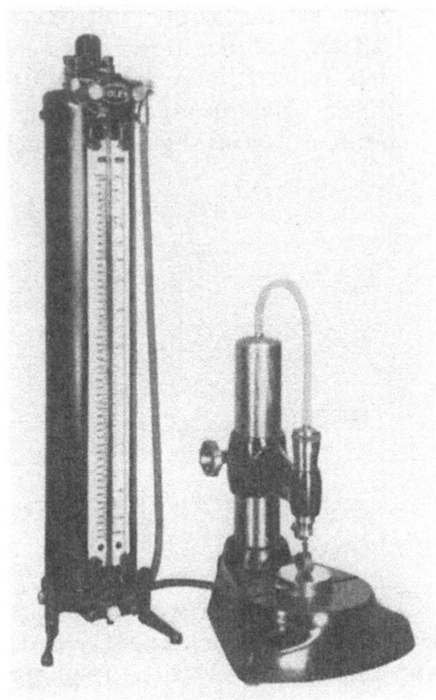

Abb. 79. Solex-Gerät (Druckluftregler und Meßanzeiger) und Meßständer mit pneumatischem Meßkopf (Aerotest).

Abb. 80. Pneumatisches Meßgerät mit Metallmanometer (Pratt & Whitney).

ständer wird mit Endmaßen eingestellt; an Stelle des pneumatischen Meßkopfes kann auch ein mechanischer Feintaster eingesetzt werden, wenn die genormten Anschlußmaße eingehalten sind.

Die pneumatische Übersetzung hat gegenüber den unter A und B behandelten mechanischen und hydraulischen Übersetzungen den Vorteil, daß bei ihr ebenso wie bei der elektrischen Übersetzung das Anzeigegerät räumlich von dem Meßkopf getrennt werden kann, ohne daß Übertragungsfehler zu befürchten sind (Fernablesung). Dadurch ist es möglich, die Anzeigen von mehreren, weit auseinander liegenden Meßstellen an einer Stelle zusammenzufassen, wo ein guter Überblick erreicht wird (Mehrfachprüfung). Durch Zwischenschalten von elektrischen Elementen kann die pneumatische Anzeige zur Steuerung von Prüf- und Sortiereinrichtungen und von Maschinen, z. B. Werkzeugmaschinen, benutzt werden.

Ein Solex-Anzeigegerät der üblichen Ausführung ist in Abb. 79 dargestellt. Das Schema dieses Gerätes ist aus Abb. 75 zu ersehen. Die Hauptdüse kann leicht ausgewechselt werden. An dieses Anzeigegerät, das auch den Druckregler mit Wassergehäuse enthält, werden die Meßköpfe (Abb. 76, 78) oder Ständergeräte (Abb. 79) mittels Schlauchleitung angeschlossen. Eine amerikanische Ausführung (Pratt u. Whitney) mit einem Anzeigegerät in Form eines Metallmanometers zeigt Abb. 80. Diese Art Geräte haben mitunter einen besonderen Druckregler, der mehrere anzeigende Meßständer mit Druckluft versorgt. Eine andere amerikanische Ausführung, die alles in einem Gehäuse vereinigt, an das ein Meßdorn mittels Schlauch angeschlossen ist, ist in Abb. 81 dargestellt. Neben dem Meßkopf mit Düsen nach Abb. 76 gibt es Meßköpfe mit Taststiften, Abb. 82, die beim Messen den Luftspalt an den Ausflußdüsen (Meßdüsen) verkleinern; der dadurch erzeugte Staudruck

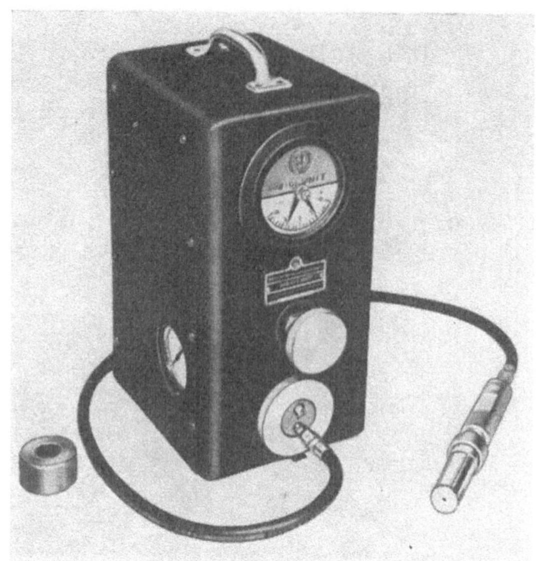

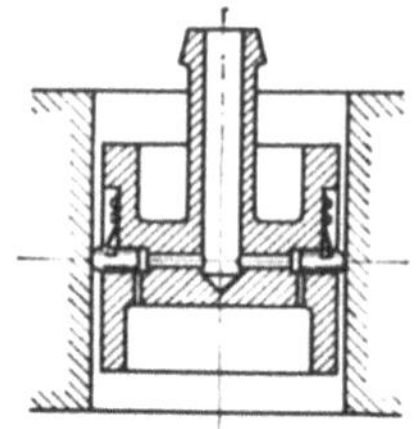

Abb. 81. Pneumatisches Meßgerät (Pratt & Whitney) mit Luftfilter, Druckregler, Druckanzeiger, einstellbare Reduziereinrichtung, Meßanzeiger und Schlauchanschluß. Am Ende des Schlauches ein Meßdorn für Bohrungen.

Abb. 82. Meßkopf für indirekte pneumatische Messung einer Bohrung. Steuerung von Luftspalten durch Taststifte.

in der Zwischenkammer des Anzeigegerätes wird manometrisch angezeigt.

Für die pneumatischen Meßgeräte ist Preßluft mit einem Druck von $1 \cdots 6$ atü erforderlich. Meßköpfe für direkte Messung von Bohrungen werden ab 3 mm gebaut. Die Übersetzung kann in Sonderfällen bis 100000 : 1 ausgeführt werden.

D. Elektrische Übersetzung.

Längenmeßgeräte mit elektrischer Übersetzung und Anzeige können zunächst in zwei große Gruppen unterteilt werden: Geräte mit Grenzkontakten und Geräte mit indirektem Geber, durch den die mechanische Größe (z. B. $1\,\mu$) in einen elektrischen Meßwert umgewandelt wird.

Geräte mit Grenzkontakten zeigen an, ob der Prüfling innerhalb der eingestellten Grenzmaße liegt. Sie haben streng genommen keine elektrische Übersetzung, sondern nur die elektrische Anzeige der Grenzstellungen eines Tastbolzens. Diese Anzeige erfolgt durch optische oder akustische Signale.

Geräte mit indirektem Geber sind mit einem Anzeigegerät verbunden, das den elektrischen Meßwert, umgerechnet (geeicht) in Längenmaße, anzeigt. Die Umwandlung der mechanischen Größe in den elektrischen Meßwert im Geber wird durch induktive, kapazitive oder bolometrische Verfahren bewirkt. Von diesen wird das induktive Verfahren am meisten, das kapazitive Verfahren praktisch kaum verwendet, während das bolometrische Verfahren in der Hauptsache in einem Gerät der Siemens & Halske A.G. zur Steuerung von Maschinen benutzt wird [17].

Die elektrischen Längenmeßgeräte bieten ebenso wie die pneumatischen Geräte die Möglichkeit der Fernablesung, d. h. der Trennung von Meßkopf und Anzeige. Ferner erlauben sie bei Mehrfachprüfungen die Anordnung der verschiedenen Anzeigegeräte in übersichtlicher Art. Die automatische Prüfung und Sortierung und die Steuerung von Werkzeugmaschinen durch ein Meßgerät werden vorteilhaft mit Hilfe elektrischer Einrichtungen vorgenommen. Diese Vorteile müssen durch einen größeren Aufwand an Nebenapparaten erkauft werden, so daß nicht nur die meßtechnische Seite, sondern auch die Wirtschaftlichkeit einer Einrichtung bei der Beurteilung der Zweckmäßigkeit in Betracht gezogen werden muß.

Unter den in der Werkstoffprüfung verwendeten Dehnungsmessern sind mehrere Ausführungsarten, die ebenfalls Längenmeßgeräte mit elektrischer Übersetzung darstellen. Ihre Beschreibung fällt nicht in den Rahmen dieses Buches.

28. Elektrische Kontaktgeräte. Längenmeßgeräte mit elektrischen Grenzkontakten dienen zum Prüfen auf Einhaltung von Toleranzmaßen. Diese Geräte sind Feintaster mit einer mechanischen Übersetzung, meistens einer Hebelüber-

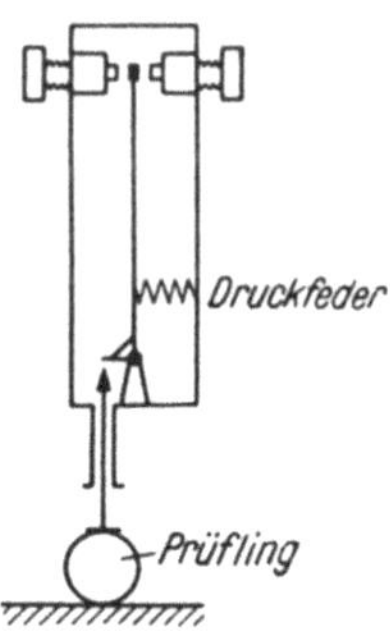

Abb. 83. Schema eines elektrischen Kontaktgerätes. Einstellung der Kontakte durch Schrauben.

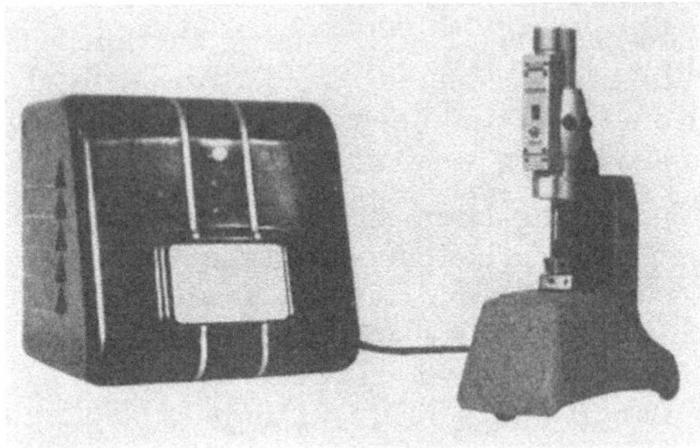

Abb. 84. Elektrisches Kontaktgerät Censor (Patent- & Versuchsanstalt Vaduz). Meßständer und Gehäuse mit optischer Anzeige. Einstellschrauben am Meßkopf sind durch Kappen verdeckt.

setzung, durch die der Weg einer Kontaktzunge vergrößert wird gegenüber dem Weg des Tastbolzens. Die Grenzkontakte, die bei genügend großem Ausschlag von der Kontaktzunge berührt werden, sind einstellbar, so daß beliebige Toleranzfelder geprüft werden können. Die drei Maßgruppen „Nacharbeiten", „Gut" und „Ausschuß" werden durch optische oder akustische Signale angezeigt. Ist z. B. bei Außenmessungen der Prüfling noch zu groß, dann berührt die Kontaktzunge einen der beiden Grenzkontakte, wodurch ein gelbes Licht zum Aufleuchten gebracht wird. Liegt das Prüflingsmaß innerhalb der beiden Grenzmaße, dann hat die Kontaktzunge keinen Kontakt und ein grünes Licht leuchtet. Beim Berühren des zweiten Grenzkontaktes, wenn der Prüfling zu klein ist, leuchtet ein rotes Licht auf.

Die Einstellung der Grenzkontakte kann entweder direkt mit Mikrometerschrauben oder indirekt mit Hilfe von Endmaßen vorgenommen werden. Das Schema eines elektrischen Kontaktgerätes zeigt Abb. 83. Außer der mechanischen Übersetzung ist die Berührungsgenauigkeit der Kontakte maßgebend für die Meßgenauigkeit dieser Geräte. Als Schaltgenauigkeit wird, je nach mechanischer Übersetzung, $0,2 \cdots 1\,\mu$ angegeben, als Meßunsicherheit $0,5 \cdots 2\,\mu$.

Eine Ausführung mit durch Mikrometerschrauben einstellbaren Kontakten ist in Abb. 84 dargestellt. Die Kombination eines mechanischen Feintasters mit einem Kontaktgerät zeigt Abb. 85. Die Kontakte können hierbei nach der Anzeige des Feintasters eingestellt werden. Für die Prüfung mehrerer Stellen an einem Werkstück zu gleicher Zeit können bei dem „Censor"-Anzeigegerät, Abb. 86,

Abb. 85. Elektrisches Kontaktgerät Elmillimeß (Mahr) mit Feintaster und Gehäuse mit optischer Anzeige. Am Ständer ein Meßdorn für Bohrungen.

Abb. 86. Gehäuseteile (Censor-Gerät, Patent- & Versuchsanstalt, Vaduz), zusammengebaut zur Anzeige für drei Meßstellen.

mehrere Anzeigezellen baukastenartig zusammengesetzt werden. Sie tragen an der Vorderseite eine Zeichnung, auf der die Meßstellen angegeben sind.

Die Kontaktgeräte können auch zur Steuerung von Sortiereinrichtungen oder Werkzeugmaschinen verwendet werden.

29. Übersetzung durch elektrische Induktion. Die maßanzeigenden elektrischen Längenmeßgeräte arbeiten meistens nach dem Prinzip der elektrischen Induktion. Der Geber besteht in der Hauptsache aus einer Drosselspule, deren Wechselstrom-Widerstand durch die Meßgröße verändert wird. Die bekanntesten Geräte verwenden eine eisengeschlossene Drossel mit veränderlichem Luftspalt. Als Beispiel für diese Bauart ist die Konstruktion des Meßkopfes und die Schaltung der *Eltas-Lehre* in Abb. 87 dargestellt. Der Tastbolzen d bewegt einen Eisenkern b, der die

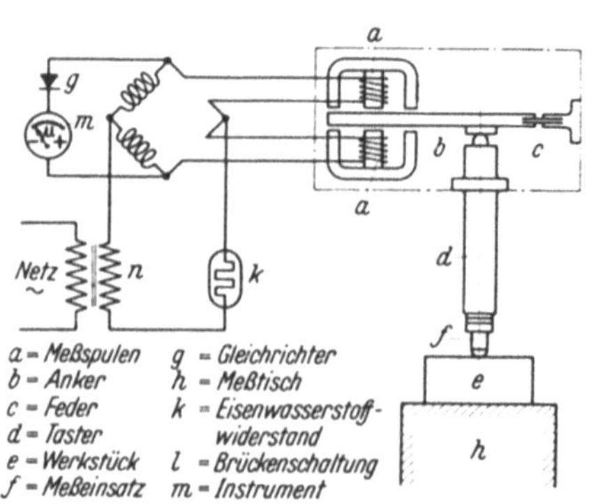

Abb. 87. Aufbau eines induktiven Meßgerätes (Eltas-Lehre der AEG).

Abb. 88. Induktives Meßgerät (Eltas-Lehre der AEG). Meßständer mit Meßkopf, getrenntes Anzeigegerät.

Luftspalte zwischen ihm und den Meßspulen a verändert, wenn der Tastbolzen beim Einstellen und Messen verschiedene Stellungen einnimmt. Sind die Luftspalte gleich, dann sind die Induktivitäten der beiden Meßspulen gleich. Werden die Luftspalte beim Messen ungleich groß, dann werden die Wechselstrom-Widerstände der Meßspulen verschieden. Da sie in benachbarten Zweigen einer Wechselstrombrücke liegen, kann die an der Diagonale liegende Wechselspannung als

Maß für die Veränderung der Lage des Tastbolzens d dienen. Zum Zwecke einer genauen Messung wird diese Wechselspannung gleichgerichtet (bei g) und an einem empfindlichen Drehspulinstrument m abgelesen. Für eine konstante Spannung sorgt der Stabilisator k, während n einen Netzanschlußwandler darstellt.

Die Ausführung der Eltas-Lehre als Ständergerät zeigt die Abb. 88. Der Meßkopf, der an dem Ständer angebracht ist, enthält den Tastbolzen, die Meßspulen und den beweglichen Eisenkern, während alle anderen elektrischen Teile, Widerstände, Anzeigeinstrumente usw. in einem geschlossenen Gehäuse untergebracht sind. Die Übersetzung und der Anzeigebereich können durch einfache elektrische Mittel geändert werden, so daß die Skala des Anzeigeinstrumentes meistens für zwei Bereiche eingeteilt und beziffert ist. Zum Beispiel ist der eine Bereich $\pm\,12{,}5\,\mu$ und der andere Bereich $\pm\,25\,\mu$ oder $\pm\,50\,\mu$; die Umschaltung wird an

Abb. 88a: Induktives Meßgerät (Eltas-Lehre der AEG). Meßdorn für Innenmessungen; getrenntes Anzeigegerät.

einem Schalter, der am Instrumentengehäuse sitzt, vorgenommen. Ein Tausendstel Millimeter erscheint an der Skala in der Größe von $1\cdots4$ mm.

Für ein einwandfreies Arbeiten dieser Geräte ist es erforderlich, daß Schwankungen der Spannung, der Frequenz und der Temperatur durch geeignete Mittel unschädlich gemacht werden. Häufiges Einstellen und Nachprüfen mit Endmaßen, Einstellringen u. dgl. ist zu empfehlen.

Der Meßständer der Eltas-Lehre in Abb. 88 ist für Außenmessungen bestimmt. Für Innenmessungen gibt es ebenfalls feste Ständer, Abb. 88a, die einen auswechselbaren Meßdorn zur Aufnahme des Prüflings tragen. Der Meßdorn hat zwei feste Leisten und einen beweglichen Taster, der durch ein Hebelsystem mit dem elektrischen Meßkopf in Verbindung steht. Entsprechend dem zu messenden Durchmesser wird der betr. Meßdorn eingesetzt und der Meßkopf mit Hilfe eines Einstellringes eingestellt.

Zum Messen von Bohrungen in größeren Werkstücken wird eine tragbare Eltas-Lehre verwendet, Abb. 89, die mit einem Griff versehen

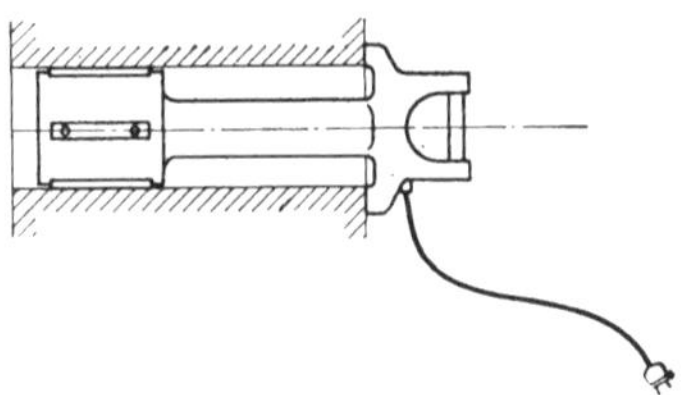

Abb. 89. Tragbarer Meßkopf zum Anschluß an induktives Meßgerät.

ist. Da das Anzeigegerät in beliebiger Entfernung von dem Meßdorn aufgestellt werden kann, ist dieser auch zum Messen von Werkstücken während der Bearbeitung geeignet.

Abb. 90 zeigt eine amerikanische Ausführung eines Ständergerätes, bei der das Anzeigeinstrument auf dem Meßkopf sitzt und die übrigen elektrischen Teile im

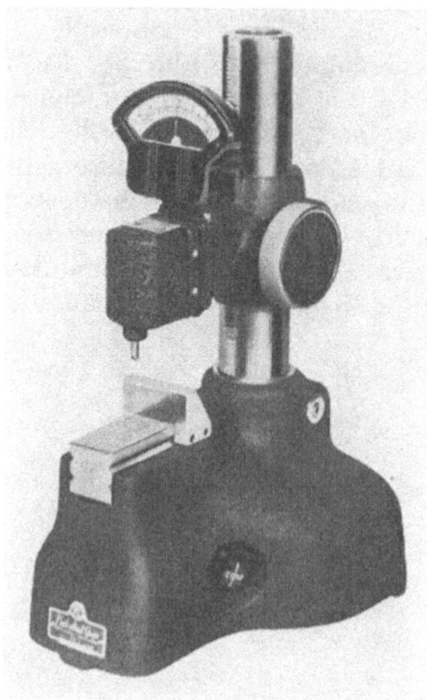

Abb. 90. Induktives Meßgerät (Pratt & Whitney). Meßständer mit Meßkopf und Anzeigegerät.

Abb. 91. Induktives Meßgerät (Pratt & Whitney) als Mehrfachprüfgerät. Meßständer mit 3 Meßköpfen und 3 Anzeigegeräten.

Ständerfuß untergebracht sind. Die Anordnung mehrerer Meßstellen an einem einzigen Gerät mit mehreren Anzeigeinstrumenten ist in Abb. 91 dargestellt. Die Skaleneinheit ist je nach Übersetzung $0{,}0001 \cdots 0{,}00002''$.

E. Optische Übersetzung.

In diesem Abschnitt werden nur die mit optischer Übersetzung arbeitenden anzeigenden Längenmeßgeräte behandelt. Hierzu gehören nicht diejenigen Geräte, die ein vergrößertes Bild des Prüflings bzw. eines Teiles desselben entwerfen oder andere optische Verfahren anwenden. Sie sind im Kapitel V beschrieben.

30. Ablenkung eines Lichtstrahlenbündels. Eine einfache optische Übersetzung wird erreicht, wenn man in einer Hebelübersetzung den langen Hebelarm durch ein Lichtstrahlenbündel ersetzt. Ein Beispiel ist das *Tolimeter*, dessen Schema in Abb. 92 dargestellt ist. Durch eine mechanische Hebelübersetzung wird ein Spiegel gedreht, der ein Lichtstrahlenbündel ablenkt und dadurch die verschiedenen Stellungen der Lichtmarke an der gebogenen Skala hervorruft.

Ein weiteres Gerät mit optischer Übersetzung ist das *Optimeter* von Zeiß, das als Autokollimationsfernrohr arbeitet. Abb. 93 zeigt das Schema dieses Gerätes. Die von einer künstlichen Lichtquelle oder vom Tageslicht kommenden Lichtstrahlen beleuchten eine Strichplatte, die in der einen Hälfte eine Nullmarke, in der anderen Hälfte, für den Beschauer verdeckt, eine Skala besitzt. Der Strahlengang verläuft von der Skala durch ein Prisma und ein Objektiv auf einen Kippspiegel, der vom Tastbolzen bewegt wird. An diesem Spiegel wird das Strahlenbündel reflektiert und entsprechend der Winkelstellung des Spiegels abgelenkt.

Auf der Strichplattenhälfte, die die Nullmarke trägt und sich in der Brennebene des Objektivs befindet, wird ein Bild der Skala erzeugt, dessen Stellung von der

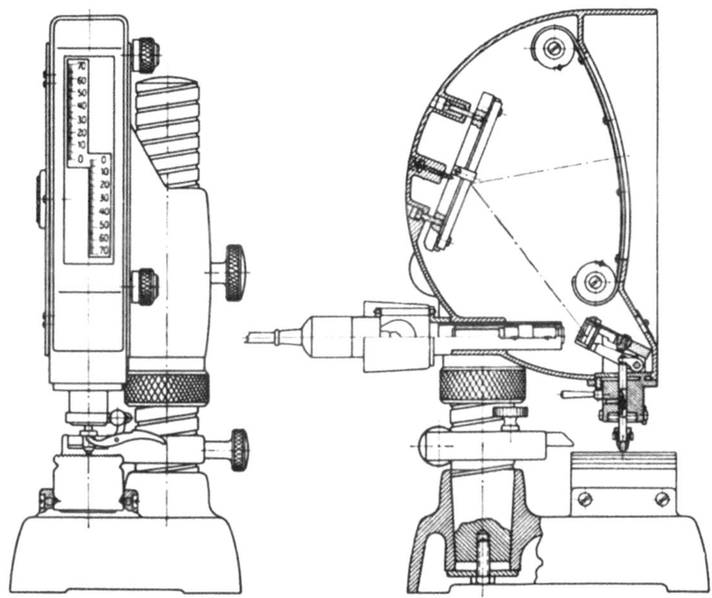

Abb. 92. Meßgerät mit optischer Übersetzung (Tolimeter von Leitz). Ablenkung eines Lichtstrahlenbündels durch Kippen eines Spiegels.

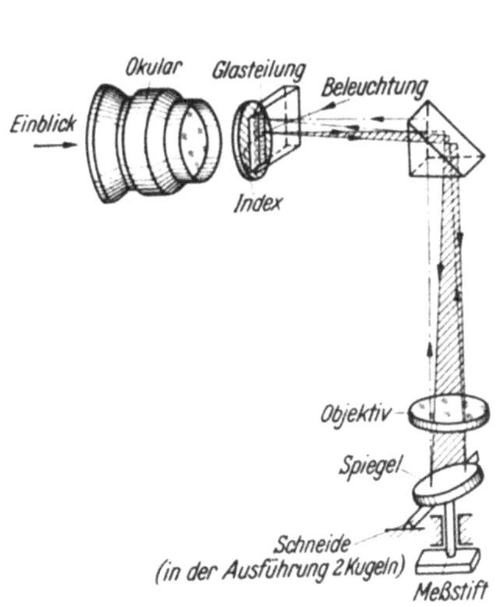

Abb. 93. Meßgerät mit optischer Übersetzung (Optimeter von Zeiß). Autokollimationsfernrohr mit Skala.

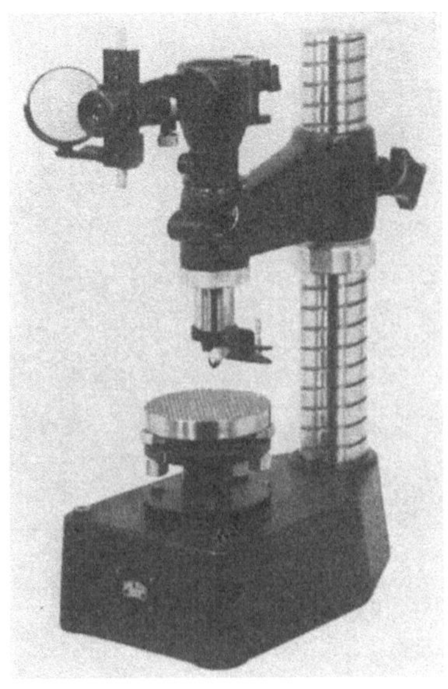

Abb. 94. Meßständer mit Optimeter (Zeiß). Ablesung 1 μ.

Kippung des Spiegels abhängt und zur Ablesung verwendet wird. Die durch diese Anordnung erreichte Vergrößerung ist derart, daß beim Einblick in das Okular 0,001 mm in der Größe von ca. 1 mm an der Skala erscheint. Dieses Optimeter

Abb. 95. Waagrecht-Optimeter (Zeiß) mit Innenmeßeinrichtung.
Einstellung mit Endmaßen und Meßschnäbeln.

Abb. 96. Längenmeßmaschine (Zeiß) mit Optimeter und
Maßstabeinstellung

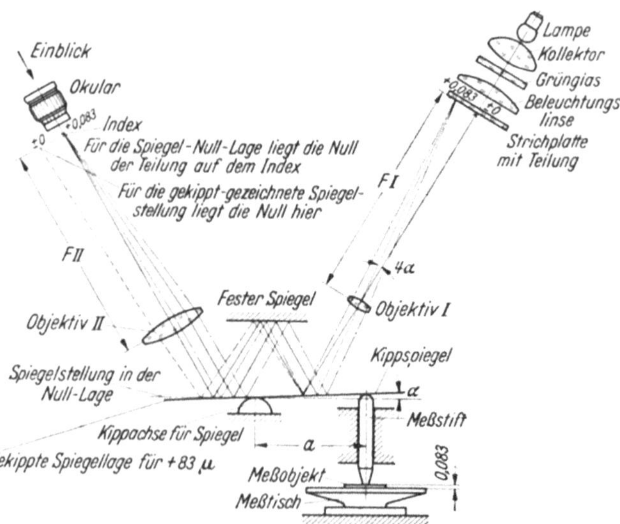

Abb. 97. Strahlengang des Ultra-Optimeters (Zeiß).

kann in einen senkrechten oder in einen waagrechten Ständer eingebaut werden. Der senkrechte Ständer, Abb. 94, entspricht den bei den anderen Geräten dieses Kapitels beschriebenen Meßständern. Der waagrechte Meßständer kann mit einer Innenmeßeinrichtung versehen werden, Abb. 95, die nach Einstellringen oder nach Endmaßen (in Verbindung mit Meßschnäbeln) eingestellt wird. Zur bequemeren Ablesung kann das Optimeter mit einer Projektionseinrichtung ausgestattet werden, bei der die Skala und die Nullmarke auf einer Mattscheibe erscheinen und von mehreren Personen gleichzeitig beobachtet werden können. Diese Einrichtung erfordert eine künstliche Lichtquelle.

Das Optimeter wird als übersetzendes Anzeigegerät auch bei der *Zeiß-Längenmeßmaschine* verwendet, Abb. 96. Diese kann entweder nach Endmaßen oder nach einem Maßstab eingestellt werden.

Die Besonderheiten dieser Maßstabeinstellung bzw. -ablesung sind in Abschnitt 31 beschrieben.

Eine größere Übersetzung als das Optimeter hat das *Ultra-Optimeter*, bei dem eine doppelte Reflexion am Kippspiegel eine 5000-

fache Übersetzung bewirkt, Abb. 97. Die im Okular gegenüber einer festen Nullmarke beweglich erscheinende Skala zeigt als kleinstes Intervall 0,0002 mm an. Die Meßgenauigkeit über ± 10 Intervalle wird mit bis zu $\pm 0,06\,\mu$ angegeben. Dieses

Abb. 98. Ultra-Optimeter (Zeiß) mit Wärmestrahlungsschutz. Ablesung 0,2 μ.

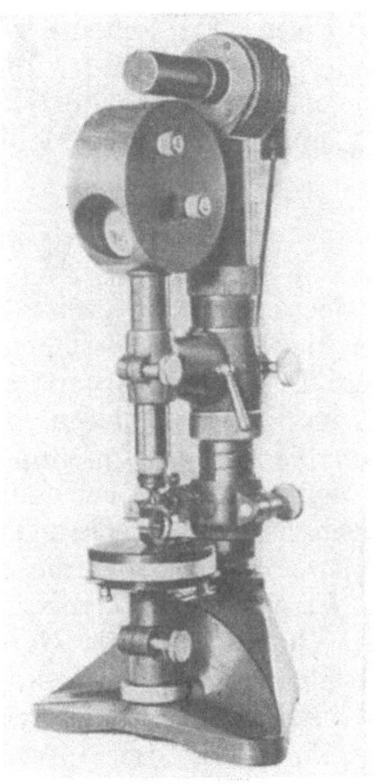

Abb. 99. Meßgerät mit optischer Übersetzung (Orthometer von Leitz). Ablesung 1 μ.

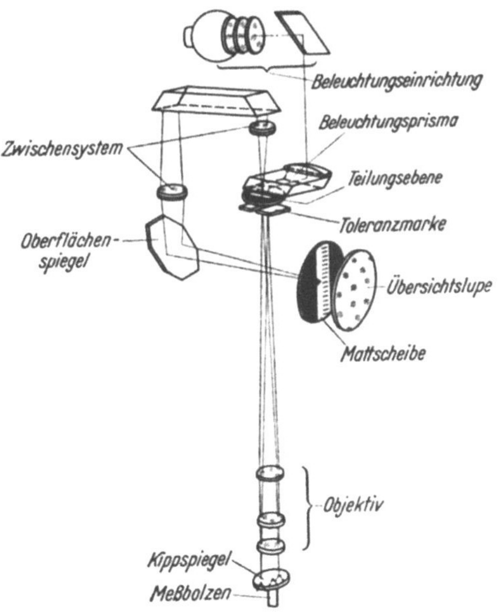

Abb. 100. Strahlengang des Orthometer (Leitz).

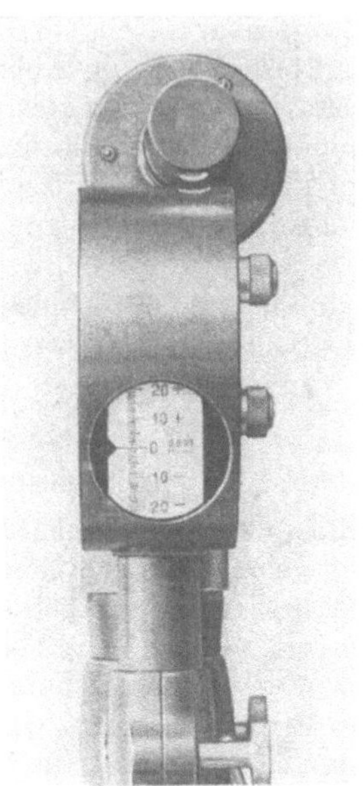

Abb. 101. Meßkopf des Orthometer (Leitz) mit Projektion der Skala.

Gerät wird in der Hauptsache zum Messen von Endmaßen (Vergleichsmessung) verwendet und ist für diesen Zweck als Ständergerät ausgebildet (Abb. 98), das besondere Mittel zur Feinverstellung des Tisches besitzt.

Ebenfalls nach dem Prinzip des Autokollimationsfernrohrs arbeitet das *Orthometer* von Leitz, Abb. 99. Es hat eine Ablesung von 1 μ und einen Meßbereich von $\pm 0{,}1$ mm. Ein Schema dieses Gerätes ist in Abb. 100 dargestellt. Es wird als Ständergerät ausgeführt. Die Meßkraft ist durch Drehen eines Rändelringes am Meßkopf von $50 \cdots 200$ g einstellbar. Die Projektionseinrichtung zur Erleichterung der Ablesung wird in den Meßkopf eingebaut, Abb. 101.

V. Optische Meßgeräte.

Die Verwendung optischer Hilfsmittel bei Längenmeßgeräten hat die Lösung mancher Meßprobleme erst ermöglicht [*10*]. Neben rein optischen Geräten, wie z. B. dem Interferenz-Komparator und dem Fluchtfernrohr, gibt es andere, die mechanisch-optisch arbeiten, bei denen die Meßaufgabe unterteilt ist und teils mit mechanischen, teils mit optischen Mitteln erledigt wird. Ein Beispiel hierfür ist das Meßmikroskop, bei dem mit dem optischen Teil der Prüfling beobachtet und mit dem mechanischen Teil Längenmaße des Prüflings gemessen werden; beachtenswert ist, daß bei diesen Geräten das letztere nicht möglich ist ohne das erstere. Ist ein Längenmeßgerät mit einem Maßstab ausgerüstet, so wird dieser, wenn die Genauigkeit der Noniusablesung nicht genügt, mit optischen Mitteln, d. h. mit einem Ablesemikroskop, abgelesen. Diese Mikroskope haben Hilfsteilungen, die eine Unterteilung der Maßstabteilung gestatten.

Eine Einteilung der optischen Längenmeßgeräte kann nach verschiedenen Gesichtspunkten erfolgen. In den Abschnitten dieses Kapitels wurde sie nach dem Zweck vorgenommen, den die optischen Hilfsmittel an den betreffenden Längenmeßgeräten zu erfüllen haben. Diejenigen optischen Meßgeräte, die zur Gruppe der anzeigenden Längenmeßgeräte gehören, die also mit einer optischen Übersetzung des Meßwertes arbeiten, sind schon im Abschnitt 30 beschrieben. Die weitere Einteilung betrifft 1. die Ablesung mit optischen Hilfsmitteln, wobei es sich um die Ablesung von Strichmaßstäben oder um die Ablesung einer Interferenzerscheinung handeln kann; 2. die optische Vergrößerung von Formen durch Mikroskop oder Projektionsgerät; 3. die optische Festlegung von Achsen durch Fernrohre. Durch die Ausstattung mit optischen Hilfsmitteln zur Beobachtung des Prüflings und zur Ablesung der Meßwerte können die Geräte zu mehreren dieser Untergruppen gehören, so daß eine reine Scheidung nicht immer möglich ist. Die Hauptmerkmale eines Gerätes waren in diesen Fällen für die Einreihung ausschlaggebend. Von jeder Gruppe konnten nur einige charakteristische Geräte beschrieben werden.

A. Ablesung mit optischen Hilfsmitteln.

31. Maßstab-Längenmeßgeräte. Als Vergleichsmittel bei Längenmessungen dienen mit ganz wenigen Ausnahmen die in Kapitel III beschriebenen elementaren Meßmittel, Endmaße, Maßstäbe und Meßschrauben. Werden Maßstäbe benutzt, so müssen sie, wenn höhere Genauigkeiten verlangt werden, mit optischen Mitteln abgelesen werden. Außerdem ist bei ihrer Verwendung zu beachten, daß das ABBEsche Prinzip gewahrt wird, das verlangt, daß die Meßstrecke am Prüfling und die am Maßstab in einer Achse angeordnet sind.

Ein Längenmeßgerät, bei dem dieses Prinzip in einfacher Weise durchgeführt ist, ist der *Abbesche Längenmesser* von Zeiß, der in senkrechter und in waagrechter

Ausführung gebaut wird. Die senkrechte Ausführung ist in Abb. 102 dargestellt. Der Glasmaßstab befindet sich in einem Rohr, das an seinem unteren Ende einen Tastbolzen trägt und oben an einen Gewichtsausgleich angeschlossen ist, damit eine Meßkraft von ca. 200 g eingehalten wird. Der Maßstab hat eine Länge von 100 mm und ist in Millimeter geteilt. Durch Verschieben des Meßarmes an der Ständersäule und Einstellen des Maßstabträgers mit einem 100 mm-Endmaß kann der gesamte Meßbereich auf 200 mm erweitert werden. Der Maßstab wird mit einem sog. *Spiralmikroskop* abgelesen, dessen Gesichtsfeld in Abb. 103 dargestellt ist. Dieses Spiralmikroskop besitzt eine drehbare Strichplatte mit einer zehngängigen Doppelspirale. Ihre Ganghöhe ist 0,1 mm und stimmt mit der Zehntelteilung auf der festen Strichplatte überein. Auf der drehbaren Strichplatte ist ferner eine 100 teilige Rundteilung, die mit einer festen Strichmarke abgelesen wird und 0,001 mm anzeigt; Zehntausendstel mm werden geschätzt. Der im Mikroskop sichtbare Maßstabstrich wird durch Drehen der Strichplatte mit der Doppelspirale eingefangen. Dann wird an der festen Zehntelteilung und an der Rundteilung abgelesen. Ein Beispiel hierfür s. Abb. 103.

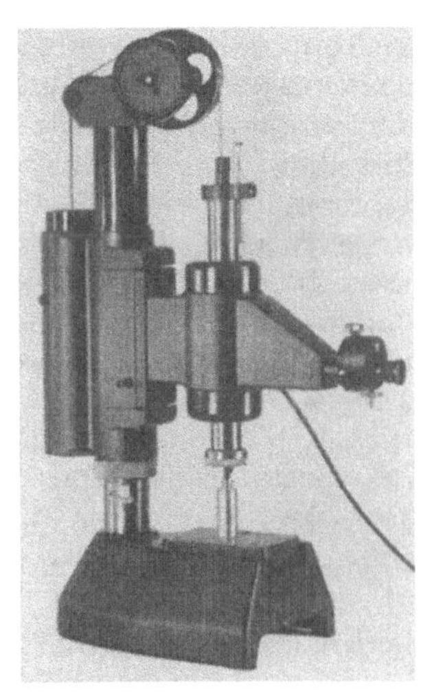

Abb. 102. ABBE-Längenmesser (Zeiß), senkrechte Bauart. Ablesung 1 μ.

Bei der Messung mit dem ABBEschen Längenmesser wird zunächst der Tastbolzen auf den Meßtisch bzw. das Einstell-Endmaß aufgesetzt und der Maßstab abgelesen. Durch eine Feinstellung am Spiralokular kann für diese Ausgangsstellung ein glatter

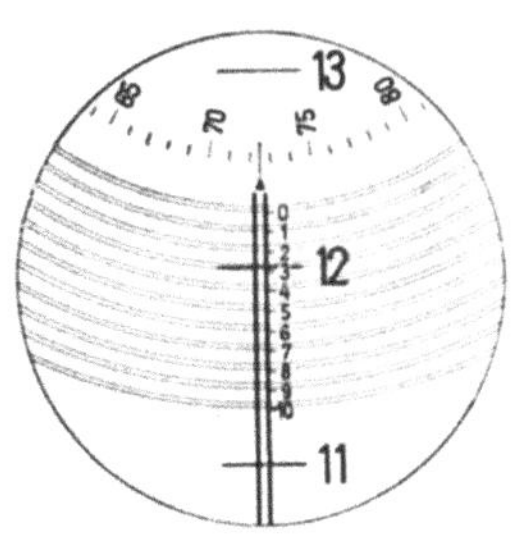

Abb. 103. Gesichtsfeld des Spiralmikroskops (Zeiß). Ablesebeispiel 12,2725.

Abb. 104. Universal-Längenmesser (Zeiß) mit Meßbügel für Innenmessung und magischem Auge zur Kontaktanzeige.

Wert gewählt werden. Dann wird der Prüfling auf den Meßtisch gebracht, der Tastbolzen auf ihn aufgesetzt und der Maßstab wieder abgelesen. Die Differenz der beiden Maßstabablesungen ist das am Prüfling gemessene Maß; bei Verwendung eines Einstell-Endmaßes ist dessen Größe dazuzuzählen.

Die waagrechte Ausführung des ABBEschen Längenmessers zeigt Abb. 104. Durch den Aufbau von Meßbügeln kann dieser waagrechte Längenmesser zum

Innenmessen verwendet werden. Die Einstellung und Ablesung ist dieselbe wie bei der senkrechten Ausführung, nur mit dem Unterschied, daß nicht gegen den Meßtisch, sondern gegen eine verstellbare Pinole gemessen wird. Das Gerät der Abb. 104 ist mit einem „magischen Auge" ausgestattet, das bei Innenmessungen den Kontakt des Tasters mit der zu messenden Bohrung anzeigt. Ein Maßstab-Längenmeßgerät, das auch für größere Längen gebaut wird, ist die Zeißsche *Längenmeßmaschine*, Abb. 96. Als Anzeigegerät für die Maßunterschiede zwischen Einstellung und Prüfling wird ein Optimeter verwendet (s. Abschnitt 30). Die Maschine hat einen Stahlmaßstab, der von 100 zu 100 mm Glaseinsätze mit Doppelstrichmarken besitzt und fest mit dem Maschinenbett verbunden ist. Die ersten 100 mm dieses Maßstabes werden von einem in mm geteilten Glasmaßstab gebildet, über dem der Meßschlitten verschiebbar angeordnet ist und mit einem Ablesemikroskop auf diesen Glasmaßstab eingestellt werden kann. Der zweite Meßbock, der nur eine Pinole trägt, wird entsprechend der zu messenden Länge auf eine 100 mm-Marke eingestellt. Durch ein optisches System wird erreicht, daß die Einstellung des Meßbockes auf eine 100 mm-Marke und die des Meß-schlittens auf den 100 mm-Maßstab gleichzeitig im Ablesemikroskop des Meß-schlittens beobachtet werden können und daß durch Fehler der Bettführung und dadurch hervorgerufene Kippung der Meßschlitten keine Meßfehler auftreten. Hierdurch wird die große Baulänge vermieden, die bei strenger Durchführung des ABBESchen Prinzips mindestens gleich der doppelten Meßlänge ist, und trotzdem werden die Vorteile dieses Prinzips gewahrt. Das Gesichtsfeld im Mikroskop und im Optimeter zeigt Abb. 105; beide stehen direkt nebeneinander auf dem Meß-schlitten.

Ein Längenmeßgerät mit Maßstab, das zur Einstellung am Prüfling eine neue optische Anordnung, und zwar eine optische Abtastung, verwendet, ist das *Per-flektometer* von Leitz, Abb. 106. Der Strahlengang dieser op-tischen Abtastung ist in Abb. 107 zu sehen. Das Gerät besitzt zwei Mikroskope, die in einer optischen

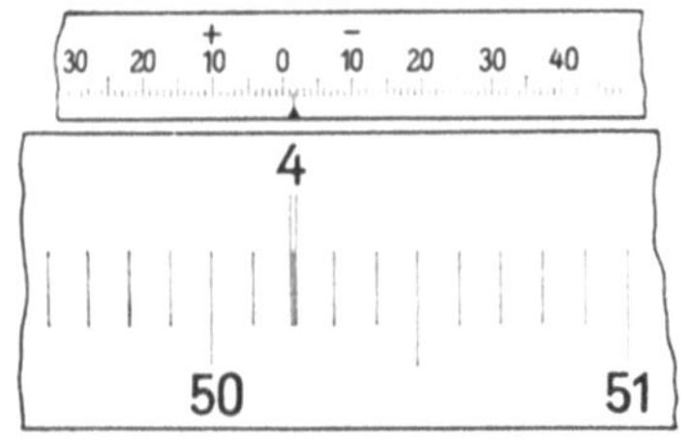

Abb. 105. Gesichtsfeld von Mikroskop und Optimeter der Längenmeßmaschine Abb. 96. (Zeiß).

Abb. 106. Perflektometer (Leitz). Optische Abtastung und Messung mit Maßstab.

Achse liegen und von denen das eine eine Strichmarke abbildet, die von der Meß-fläche des Prüflings in das zweite Mikroskop reflektiert und dort beobachtet wird. Ist das Bild der Strichmarke von einem Doppelstrich im zweiten Mikroskop ein-gefangen, so wird diese Stellung des Prüflings am Maßstab abgelesen. Dann wird dieselbe Einstellung an der anderen Meßfläche, deren Abstand von der ersten bestimmt werden soll, vorgenommen und eine zweite Maßstabablesung gemacht. Die Differenz der Maßstabablesungen ist der Abstand der Meßflächen. Der Maßstab wird mit einem Feinmeßokular abgelesen, das in Abb. 108 dargestellt ist. Durch das Schwenken einer Planglasplatte wird das Bild des Maßstabstriches abgelenkt, so daß es von einer Zehntelteilung der Okularstrichplatte eingefangen

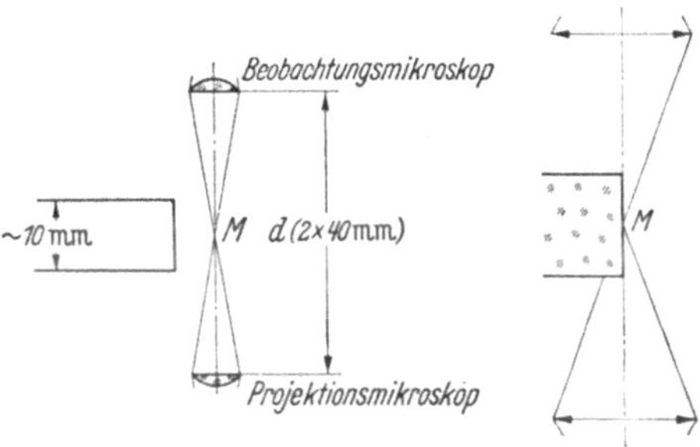

Abb. 107. Strahlengang der Perflektometer-Abtastung (Leitz).

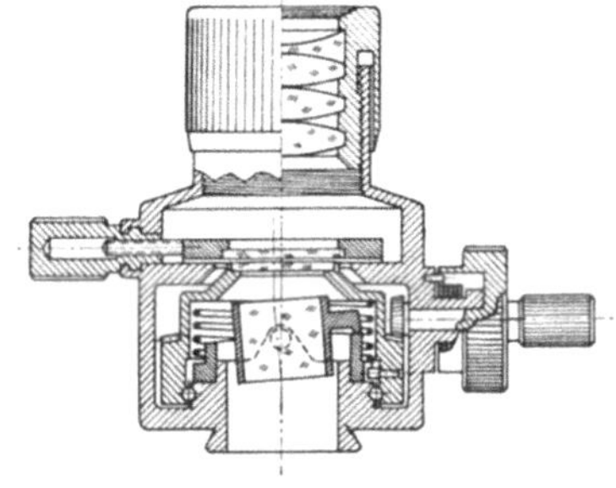

Abb. 108. Feinmeßokular (Leitz) zum Ablesen von Maßstäben.

werden kann, während die Tausendstel mm an der auf der drehbaren Teilscheibe befindlichen Rundteilung abgelesen werden. Das Sehfeld dieses Feinmeßokulars zeigt Abb. 109. Das Perflektometer hat gegenüber den Meßmikroskopen (Abschnitt 33), die auf die obere Kante der Meßfläche einstellen, den Vorteil, daß man in beliebiger Höhe der Meßfläche, und auch an gewölbten Meßflächen, einstellen kann. Es kann zum Messen von Lehren mit ebenen Flächen, von Lehrringen u. a. verwendet werden.

Ein Maßstab-Längenmeßgerät ist auch der *Universal-Meßstand*, Bauart Leitz-Strasmann, dessen Maßstäbe (Längs- und Quermaßstab) mit Hilfe von Feinmeßokularen nach Abb. 108 abgelesen werden. Er ist im Abschnitt 33 näher beschrieben, weil seine Hauptoptik zu den Meßmikroskopen gehört.

Abb. 109. Gesichtsfeld des Feinmeßokulars (LEITZ). Ablesebeispiel 54,4485.

32. Interferenz-Geräte. Die Interferenz des Lichtes wird zu den genauesten Längenmessungen verwendet. Insbesondere die Messung von Endmaßen wird mit höchster Genauigkeit auf Interferenzgeräten vorgenommen. Für diesen Zweck wurde von Professor Dr. KÖSTERS, dem am 28. 7. 1950 verstorbenen Präsidenten der Physikalisch-Technischen Bundes-Anstalt in Braunschweig (früher PTR, Berlin-Charlottenburg), ein Interferenz-Komparator angegeben, der von Zeiß gebaut wurde. Das zuletzt gebaute Modell ist in Abb. 110 dargestellt. Da man für die Messung genau definierte Lichtwellenlängen benötigt, wird mit monochromatischem Licht gearbeitet.

Abb. 110. Interferenz-Komparator (Zeiß) zum Messen von Endmaßen.

Als Lichtquelle werden Cadmiumlampen, Helium- und Kryptonröhren verwendet. Den Strahlengang im Interferenz-Komparator zeigt Abb. 111.

Das Licht wird in einem Prisma in seine Spektralfarben zerlegt. Durch Schwenken des Prismas kann man die verschiedenen Farben nacheinander in den Beob-

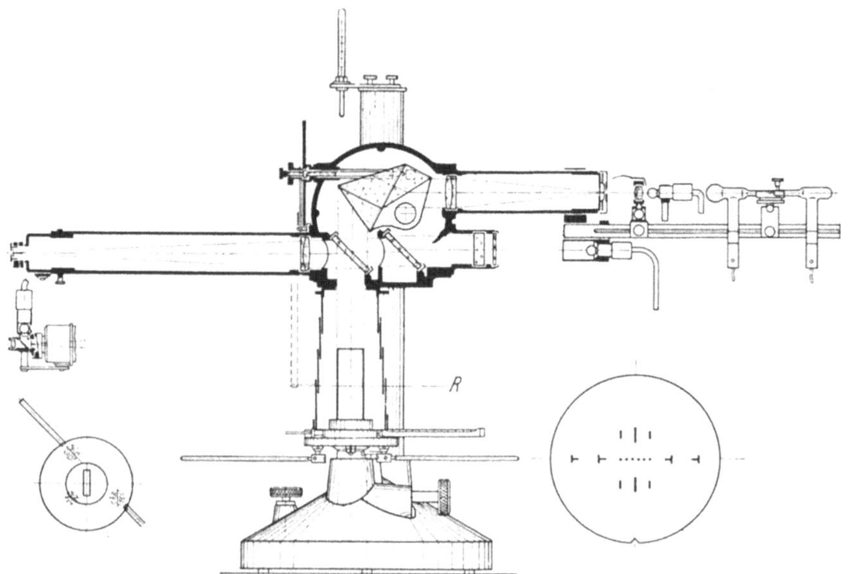

Abb. 111. Interferenz-Komparator (Zeiß) im Schnitt mit Darstellung des Strahlenganges.

achtungsspalt bringen. An einem halbdurchlässigen Spiegel wird das Lichtstrahlenbündel aufgeteilt, so daß es teils auf eine Referenzfläche, teils auf die obere Meßfläche des an eine Platte angesprengten Endmaßes und auf diese Platte auftrifft. Die Teilstrahlenbündel werden von diesen Flächen reflektiert und dann wiedervereinigt, wobei ein Gangunterschied zwischen ihnen dadurch auftritt, daß die Referenzfläche mit der Endmaßfläche und der Platte einen optischen Keil bildet. Durch diesen Gangunterschied kommt die Interferenzerscheinung zustande, die man auf der Endmaßfläche und der Platte beobachtet, Abb. 112. Beim Messen wird die Versetzung der Interferenzstreifen auf dem Endmaß gegenüber den Interferenzstreifen auf der Platte in Bruchteilen eines ganzen Streifenabstandes geschätzt und von einem Sollwert für diese Versetzung abgezogen, der aus der jeweiligen Endmaßlänge und Wellenlänge des verwendeten monochromatischen Lichtes errechnet wird. Die Differenz zwischen Ablesung und Sollwert wird in Längeneinheiten umgerechnet, wobei die Versetzung um eine ganze Streifenbreite gleich einer halben Lichtwellenlänge ist. Die Ablesung wird bei mehreren Farben vorgenommen, und da

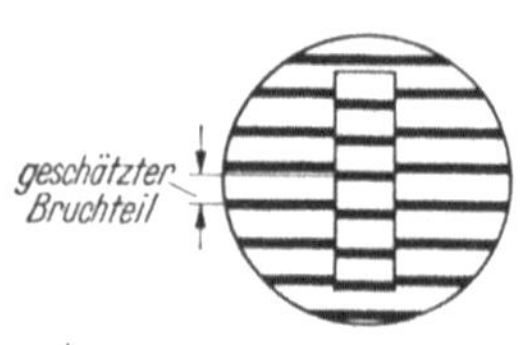

Abb. 112. Gesichtsfeld des Interferenz-Komparators (Zeiß). Platte und obere Meßfläche des Endmaßes mit Interferenzlinien.

das Licht bei jeder Farbe eine andere Wellenlänge hat, kommen andere Sollwerte und Ablesungswerte zustande, deren Differenz aber, in Längeneinheiten umgerechnet, übereinstimmen muß. An dem Ablesungswert müssen mehrere Korrektionen angebracht werden, die bedingt sind 1. durch den Unterschied der Meßtemperatur (Temperatur des gemessenen Endmases) gegenüber der Bezugstemperatur von 20° C; 2. durch den Unterschied der die Lichtwellenlänge beeinflussenden physikalischen Faktoren Temperatur, Luftdruck und Luftfeuchtigkeit im Augenblick der Messung von den der Errechnung des Sollwertes zugrunde gelegten (20° C, 760 mm Hg und 10 mm Dampfdruck); 3. durch den Unterschied des optischen Verhaltens einer Quarzglasfläche und dem einer polierten Stahlfläche. Die 3. Korrektion kommt in Betracht, wenn das Endmaß an eine Quarzglasplatte und nicht definitionsgemäß an eine Stahlplatte angesprengt wurde, die aus dem gleichen Material mit derselben Oberflächenbeschaffenheit wie das Endmaß bestehen soll. Von etwa 5 mm Endmaßlänge ab wird die Temperatur des Endmaßes beim Messen mit Hilfe eines Thermoelementes bestimmt. Der Meßbereich des KÖSTERSschen Interferenz-Komparators ist etwa 150 mm; die

$$\text{Meßgenauigkeit ist} \pm \left(0{,}02\,\mu + \frac{\text{Maßlänge}}{2\,000\,000}\right).$$ In der Hauptsache wird das in DIN 861

definierte Mittenmaß des Endmaßes bestimmt. Mit dem Interferenz-Komparator können aber auch Abweichungen von der Ebenheit und der Parallelität der Meßflächen gemessen werden.

Die Interferenz-Erscheinung wird mitunter auch an Mikrometer-Meßgeräten als Meßkraft-Anzeiger angewendet. Ein Beispiel hierfür ist das ,,Lichtwellen-Mikrometer'' der Van Keuren Co., Watertown, Mass., USA. Dieses Meßgerät ist ein Ständer-Mikrometer mit senkrechter Spindel. Der unter Federdruck stehende Amboß überträgt seine geringen Bewegungen auf eine Anzeigeeinrichtung, bei der eine bestimmte Anordnung von Interferenzstreifen das Erreichen einer Nullmarke und damit einer eingestellten Meßkraft angibt.

B. Optische Vergrößerung von Formen.

33. Meßmikroskope. Längenmeßgeräte, die den Prüfling mit einem Mikroskop anvisieren und die relative Verschiebung von Mikroskop und Prüfling senkrecht

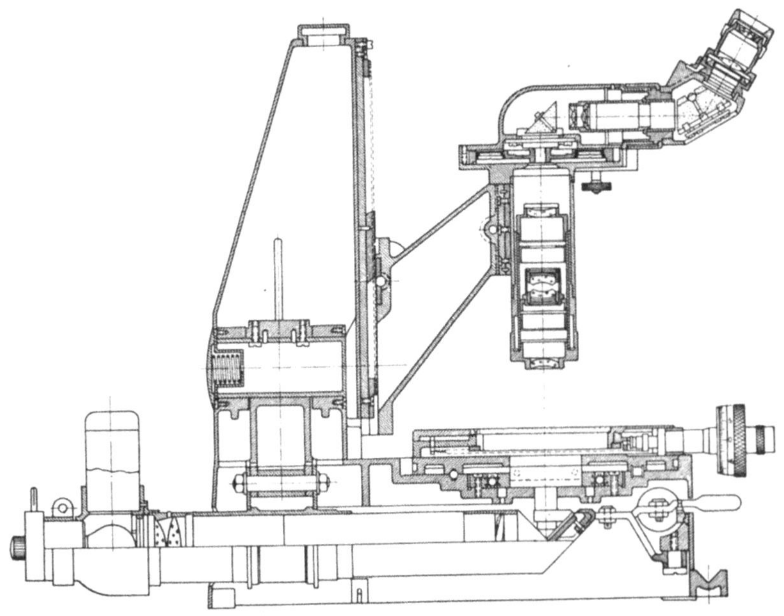

Abb. 113. Werkstatt-Meßmikroskop (Leitz).

zur Mikroskopachse messen, werden vom einfachen Meßmikroskop bis zum optischen Profilmeßstand in verschiedenen Größen und Ausführungen gebaut. In den meisten Fällen haben diese Meßmikroskope einen Kreuzschlitten, mit dem der Prüfling in einem rechtwinkligen Koordinatensystem verschoben werden kann, wobei die Verschiebung in zwei zueinander senkrechten Richtungen gemessen wird. Ein Beispiel hierfür ist das in Abb. 113 gezeigte *Werkstatt-Meßmikroskop* Bauart Leitz. Der Mikroskoptubus sitzt an einem Arm, der an einem senkrechten Ständer verschiebbar angebracht ist. Der Mikroskopständer kann nach beiden Seiten um je 10° geneigt werden, so daß die Mikroskopachse z. B. nach dem Steigungswinkel eines zu prüfenden Gewindes eingestellt werden kann. Das abgebildete

Abb. 114. Okularstrichplatte mit metrischen Gewindeprofilen.

Mikroskop hat einen Strichplattentubus, der eine Revolverscheibe mit 8 Strichplatten und einem Wechselkasten zur Aufnahme einer Strichplatte oder von kleinen Vergleichsobjekten besitzt. Der Prüfling wird in einer Zwischenabbildung in der Ebene der Strichplatte zunächst 1:1 abgebildet. Diese Zwischenabbildung wird zusammen mit dem Strichbild oder dem Vergleichsobjekt vergrößert in der Bildebene des Okulars nochmals abgebildet. Die Vergrößerung kann durch Auswechseln von Objektiv und Okular geändert werden, ohne daß die Strichplatte geändert werden muß. Die Strichplatten werden ausgeführt für sämtliche in- und ausländische Gewindeprofile, für Zahnformen mit 15° oder 20° Eingriffswinkel, für Radien, Winkelteilungen, als Strichkreuz usw. Eine Strichplatte für metr. Gewinde zeigt Abb. 114. Die zur Beleuchtung dienende Glühlampe kann mit einem Regulier-Transformator an jedes normale Netz angeschlossen werden. Der Kreuztisch ist mit Hilfe von zwei Mikrometerspindeln (Ablesung 0,005 mm) verstellbar. Mit Endmaßen kann der Meßbereich der Mikrometerspindeln, der 25 mm beträgt, für die Längsverstellung auf 100 mm und für die Querverstellung auf 75 mm vergrößert werden. Zur Aufnahme von Prüflingen zwischen Spitzen dient ein Spitzenbock, der in Abb. 115 zu sehen ist. Die Tischplatte hat einen Durchbruch von 100 mm Durchmesser, der durch eine ebene Glasplatte abgedeckt ist, auf welche flache Prüflinge aufgelegt werden. Durch Aufsetzen eines Drehtisches mit Gradteilung oder eines optischen Drehtisches mit Ablesemikroskop (Ab-

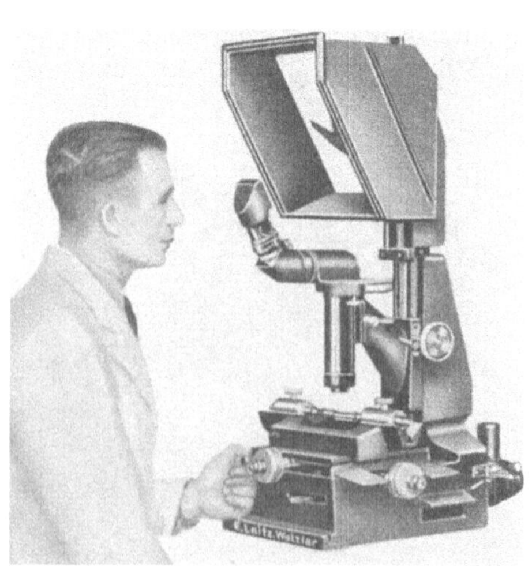

Abb. 115. Werkstatt-Meßmikroskop (Leitz) mit Projektionseinrichtung.

lesung 1 Minute) kann das Messen in Polarkoordinaten ermöglicht werden.

Ist ein Prüfling auf den Meßtisch aufgelegt oder zwischen den Körnerspitzen des Spitzenbockes eingespannt, dann wird zunächst das Mikroskop durch Verschieben an seinem Ständer auf die zu prüfende Umrißlinie scharf eingestellt. Soll eine Form geprüft werden, für die eine Strichplatte vorhanden ist, so wird durch Drehen der Revolverscheibe die betr. Strichplatte ins Gesichtsfeld gebracht, worauf durch Verschieben des Kreuztisches das Bild des Prüflings mit dem Aufriß der Strichplatte zur Deckung gebracht und verglichen wird. Etwaige Abweichungen können mit den Mikrometerspindeln in zwei Koordinatenrichtungen ausgemessen werden. Handelt es sich um Längenmessungen an geraden Begrenzungsflächen, dann wird das Strichkreuz des Mikroskopes auf die Kante der zu messenden Fläche eingestellt, die Stellung der Mikrometerspindeln abgelesen und nach Einstellung auf die zweite Meßfläche die Mikrometerablesung wiederholt; die Differenz dieser Ablesung ist der Abstand der Meßflächen. Soll ein Winkel gemessen werden, dann verwendet man ein Winkelmeßokular, das die Ablesung von 1 Minute gestattet. Um die Beobachtung des Prüflings durch mehrere Personen zugleich zu ermöglichen, wird eine Projektionseinrichtung nach Abb. 115 aufgesetzt.

Ein Meßmikroskop Bauart Zeiß (*kleines Werkzeug-Mikroskop*) zeigt Abb. 116. Das Mikroskop hat einen auswechselbaren Revolver-Okularkopf, der eine Strichplatte mit verschiedenen Profilzeichnungen enthält. In den Kreuztisch kann ein Rundtisch eingebaut werden, dessen Gradteilung auf $0,1°$ abgelesen werden kann. Der Meßbereich des Längsschlittens mit Mikrometer und Endmaßen ist 50 mm, der des Querschlittens 25 mm. Die übliche Vergrößerung ist $30 \times$ und kann durch Auswechseln des Objektives geändert werden in $10 \times$, $15 \times$ oder $50 \times$. Für genaue Winkelmessungen wird ein Winkelmeßokular verwendet, Abb. 117 und Abb. 118. Zum Aufspannen zylindrischer Teile dient ein Spitzenbock. Auf das Okular kann eine Projektions-

Abb. 116. Werkzeug-Meßmikroskop (Zeiß) mit Revolver-Okularkopf.

einrichtung aufgesetzt werden, deren Mattscheibe durch eine Klarglasscheibe zum Aufspannen von Zeichnungen ersetzt werden kann. Eine besondere Beleuchtungseinrichtung dient zum Beobachten von Profilen im Auflicht, Abb. 119.

Eine Weiterentwicklung des Werkzeug-Mikroskopes in bezug auf den Meßbereich, die Meßgenauigkeit und vielseitige Anwendungsmöglichkeit stellt das

Abb. 117. Winkelmeß-Okularkopf zum Meßmikroskop (Zeiß).

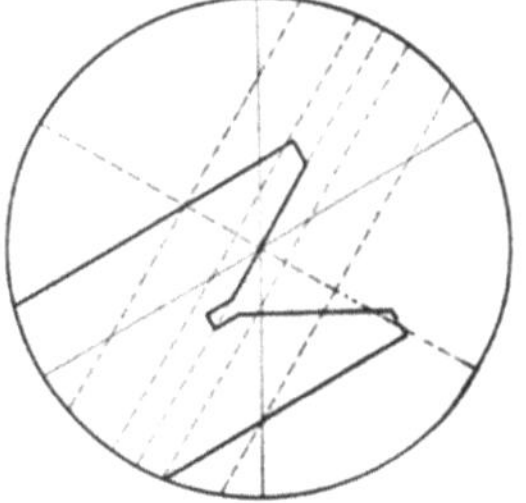

Abb. 118. Gesichtsfeld des Winkelmeßokulars Abb. 117.

Universal-Meßmikroskop Bauart Zeiß dar, Abb. 120. Es besitzt einen Längsschlitten zur Aufnahme des Prüflings, der entweder zwischen Spitzen gespannt, oder auf eine Glasplatte gelegt werden kann. Das Mikroskop sitzt an dem Querschlitten und kann nach jeder Seite bis zu $12\frac{1}{2}°$ gekippt werden. Es entspricht dem des großen Werkzeug-Mikroskopes und kann wie dieses mit einem Winkelmeßokular versehen werden. Die Verschiebung von Längs- und Querschlitten wird mittels Spiralmikroskopen (s. Abschnitt 31) an Glasmaßstäben abgelesen; Ablesung $1\,\mu$. Der Meßbereich des Längsschlittens ist 200 mm, der des Querschlittens 100 mm.

Abb. 119. WerkzeugMeßmikroskop (Zeiß) mit Winkelmeß-Okularkopf und Auflichtbeleuchtung.

Abb. 120. Universal-Meßmikroskop (Zeiß).

Der größte Durchmesser, der zwischen den Spitzen aufgenommen werden kann, ist 100 mm, die größte Einspannlänge ist 700 mm. An Stelle eines gewöhnlichen Spitzenbockes kann ein optischer Teilkopf aufgesetzt werden, der eine Ablesung von 1 Minute erlaubt. Auf den Längsschlitten kann ein erhöhter Spitzenbock aufgesetzt werden, der Prüflinge bis zu 200 mm Durchmesser und 200 mm Länge aufnehmen kann, Abb. 121.

Abb. 121. Universal-Meßmikroskop (Zeiß) mit erhöhtem Spitzenbock.

Am Okularkopf kann eine Projektionseinrichtung oder eine photographische Einrichtung angebracht werden. Ein Rundtisch mit optischer Ablesung ($\frac{1}{2}$ Minute), der auf den Längsschlitten gesetzt werden kann, dient zur Vermessung in Polarkoordinaten.

Die Meßgenauigkeit des Universal - Meßmikroskopes wird insbesondere für Gewindemessungen verbessert durch das Achsenschnittverfahren mit Anwendung von *Meßschneiden.* Das Gewindeprofil, das im Achsenschnitt vorgeschrieben wird, kann infolge des Gewindedralls mit dem Mikroskop nicht einwandfrei beobachtet werden. Man legt daher in der waagrechten Achsenschnittebene sog. Meßschneiden an die zu prüfenden Gewindeflanken an, so daß zwischen beiden kein Lichtspalt mehr erkennbar ist, Abb. 122. Die Meßschneiden besitzen in einem eng tolerierten Abstand (z. B. 0,3 mm) von der Schneidenkante einen feinen Strich, auf den der Hilfsstrich der Strichplatte, der im gleichen Abstand von der Mitte des Strichkreuzes verläuft, eingestellt wird. Damit ist das Strichkreuz selbst auf die Schneidenkante und damit auf die Gewindeflanke eingestellt und man kann in einwandfreier Weise Maßbestimmungen am Gewinde durchführen. Diese Meßschneiden werden auch zur Messung von glatten Zylindern und Kegeln verwendet und können auch bei anderen Meßaufgaben mit Vorteil benützt werden. Durch das Anlegen an die Meßflächen des Prüflings erfahren die Schneiden eine gewisse Abnutzung, die genau überwacht werden muß, damit Meßfehler durch falschen Strichabstand

Abb. 122. Gesichtsfeld des Universal-Meßmikroskops (Zeiß) bei Anlegen einer Schneide an eine Gewindeflanke.

der Schneiden vermieden werden. Diese Überwachung erfolgt durch die Messung des bekannten Durchmessers eines zylindrischen Prüfdornes, wobei etwaige Schneidenfehler als Meßfehler auftreten.

Der *Universal-Meßstand* Bauart Leitz-Strasmann (Abb. 123), der schon im Abschnitt 31 erwähnt wurde, ist durch seinen kräftigen Aufbau besonders zur Aufnahme von schweren Prüflingen bis 250 mm Durchmesser und 1100 mm Gesamtlänge (zwischen Spitzen) geeignet. Das Mikroskop, das dem des oben beschriebenen Werkstatt-Meßmikroskopes Bauart Leitz entspricht, sitzt auf einem Kreuzschlitten, der einen Meßbereich von 1000 mm für die Längsverstellung und 200 mm für die Querverstellung hat. Schwere Prüflinge werden daher beim Messen nicht bewegt. Zur Messung der Mikroskopverschiebung dienen Stahlmaßstäbe, die mit Feinmeßokularen nach Abb. 108 abgelesen werden. An dem einen Spitzenbock kann eine optische Teileinrichtung angebracht werden, die 1 Minute Ablesung für die Winkeldrehung des Prüflings gestattet.

Abb. 123. Großer Universal-Meßstand, Bauart Leitz-Strasmann.

Weitere Zusatzeinrichtungen zum Universalmeßstand sind die folgenden: Projektionseinrichtung; kleiner Aufnahmetisch 405 × 110 mm für flache Prüflinge; großer Aufnahmetisch 1040 × 140 mm; Auflichtbeleuchtung; Meßschneiden-Einrichtung; photographische Kamera 9 × 12 cm.

Der Vergleich des Bildes eines Prüflings mit einer Profilzeichnung kann durch die Verwendung von Mischfarben erleichtert werden. Das *Profil-Meßmikroskop*

Abb. 124. Profil-Meßmikroskop (Hauser).

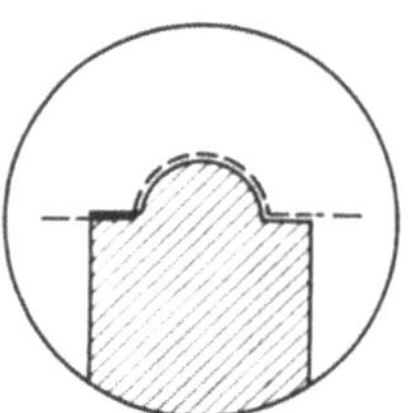

Abb. 125. Gesichtsfeld des Profil-Meßmikroskops (Hauser). Gestrichelte Linie = Profilmarke der Zeichnung, erscheint rot. Schraffierte Fläche = Schatten des Prüflings, erscheint grün. Überdeckung von roter Profilmarke und grünem Schatten erscheint schwarz.

Bauart Hauser, Abb. 124, verwendet zum Vergleich eine vergrößerte Strichzeichnung, die in das Gehäuse eingelegt und durchleuchtet wird. Die Striche dieser Zeichnung erscheinen im Mikroskop als rote Marken, von denen nur die Kante zum Vergleich benutzt wird. Das Bild des Prüflings erscheint in grüner Farbe, Abb. 125. Abstände zwischen der roten Profilmarke und dem grünen Prüflingsbild erscheinen weiß. Ist

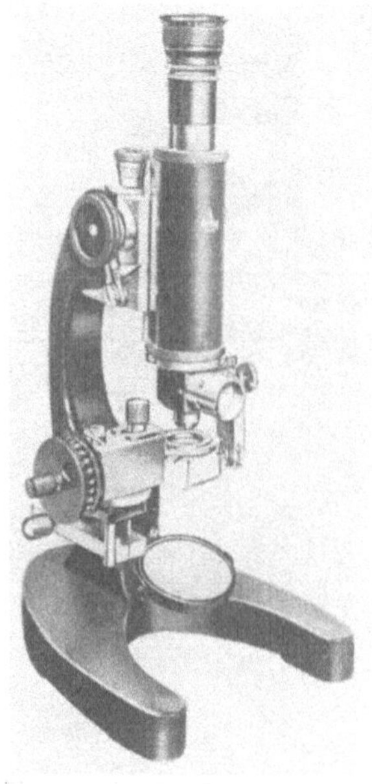

Abb. 126. Kleinstbohrungs-Meßgerät (Askania) für Bohrungen von 0,05 ··· 8 mm Durchmesser.

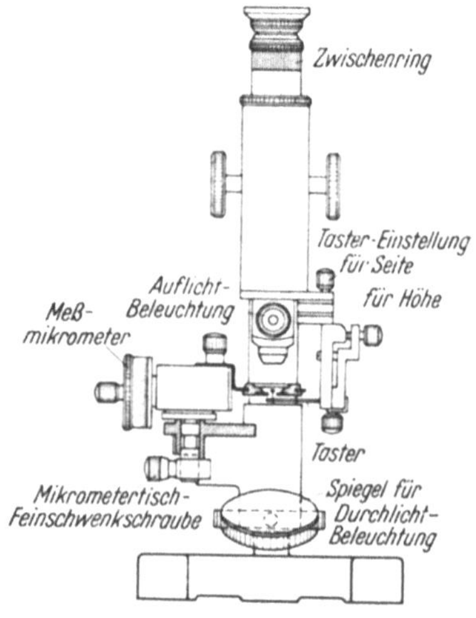

Abb. 127. Aufbau des Kleinstbohrungs-Meßgerätes (Askania).

letzteres zu groß, so daß es die Profilmarke überdeckt, dann erscheint diese Stelle schwarz. Für diese Farbkontraste ist das menschliche Auge sehr empfindlich, so daß Abweichungen von $2 \cdots 3\,\mu$ gut wahrgenommen werden. Sollen Profile, die durch gerade Linien begrenzt sind, geprüft werden, so kann man durch Ausschalten der Farbwirkung eine Prüfung mit dem Fadenkreuz an der Schwarzweiß-Abbildung durchführen.

Der Durchmesser kleiner Bohrungen von $0,05 \cdots 8$ mm kann nach dem Verfahren von LEHMANN und KRUG [18] mit einem Meßmikroskop gemessen werden, das als *Kleinstbohrungs-Meßgerät* von den Askania-Werken, Berlin-Friedenau, auf den Markt gebracht wird, Abb. 126. Dieses Gerät besitzt einen dünnen, federnden Taster, der in der zu messenden Bohrung zur Anlage gebracht und dabei um einen bestimmten Betrag ausgelenkt wird, den man mit dem Mikroskop beobachtet. Die Verschiebung des Prüflings, bis der Taster sich an die andere Bohrungswand anlegt, wird mit einem Mikrometer gemessen. Den schematischen Aufbau des Gerätes zeigt Abb. 127. In der Teilansicht Abb. 128 ist der Taster mit dem kleinen Tastkörper gut zu erkennen. Dieser wird durch einen Vertikal-Illuminator beleuchtet, so daß im Mikroskop entweder ein scharfer Lichtpunkt oder, bei größeren Tastkörpern, eine Strichmarke auf hellem Grund beobachtet werden kann. Die Okularstrichplatte Abb. 129 besitzt zwei Marken, auf die der Tastkörper bei der An-

Abb. 128. Teilansicht des Kleinstbohrungs-Meßgerätes (Askania). In der Mitte Taster mit kugelförmigem Tastkörper.

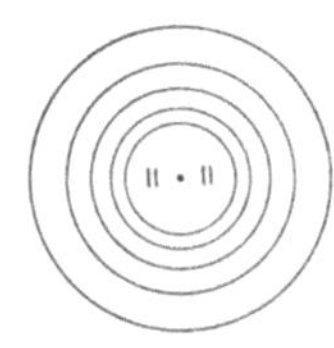

Abb. 129. Okularstrichplatte des Kleinstbohrungs-Meßgerätes (Askania).

lage nach rechts bzw. links eingestellt wird. Der Abstand dieser Marken und der Durchmesser des Tastkörpers bestimmen die Gerätekonstante, die zu der am Mikrometer abgelesenen Verschiebung des Prüflings addiert werden muß, um den Bohrungsdurchmesser zu bekommen. Der Taster ist in der Höhe verstellbar, so daß eine Bohrung in verschiedenen Höhenlagen gemessen werden kann. Beim Einführen des Tasters in die Bohrung wird der Taster mit dem Mikroskop beobachtet, so daß er nicht beschädigt werden kann, wenn der Durchblick durch die Bohrung frei bleibt. Das Kleinstbohrungs-Meßgerät kann auch zum Messen von Bohrungsabständen verwendet werden. Die Meßgenauigkeit beträgt $1,5 \cdots 2\,\mu$.

34. Projektionsgeräte. Im Abschnitt Meßmikroskope wurde des öfteren erwähnt, daß diese Geräte mit einer Projektionseinrichtung versehen werden können, um die Beobachtung des vergrößerten Bildes von mehreren Personen zugleich zu ermöglichen. Demgegenüber stehen die reinen Projektionsgeräte, auf deren Unterschied zu den Mikroskopen im optischen Aufbau nicht näher eingegangen werden soll.

Eine einfache Projektionseinrichtung ist nach Art einer optischen Bank aufgebaut aus Beleuchtungseinrichtung, Objektträger, Objektiv und Projektionswand, s. Abb. 130. Diese kann weggenommen und das Bild auf eine weiter entfernt aufgestellte Fläche projiziert werden. Durch Verändern der Entfernung zwischen Objektiv und Projektionsfläche kann die Vergrößerung in gewissen Grenzen beliebig eingestellt werden. Auf die Projektionsfläche wird eine Zeichnung des Prüflings aufgespannt, mit der sein vergrößertes Bild verglichen wird. Das Objekt und die Projektionsfläche müssen genau senkrecht zur optischen Achse der Projektionseinrichtung ausgerichtet werden, um Bildverzerrungen zu vermeiden.

Die gesteigerten Genauigkeitsanforderungen haben die Konstruktion von Projektionsgeräten veranlaßt, die beste Verzeichnungsfreiheit ihrer optischen Systeme besitzen und deren Kreuztische das Ausmessen der abgebildeten Profile usw. ermöglichen. Man unterscheidet Geräte mit durchsichtigen Projektionsflächen (Mattscheiben) mit durchfallendem Licht und Geräte mit undurchsichtigen Projektions-

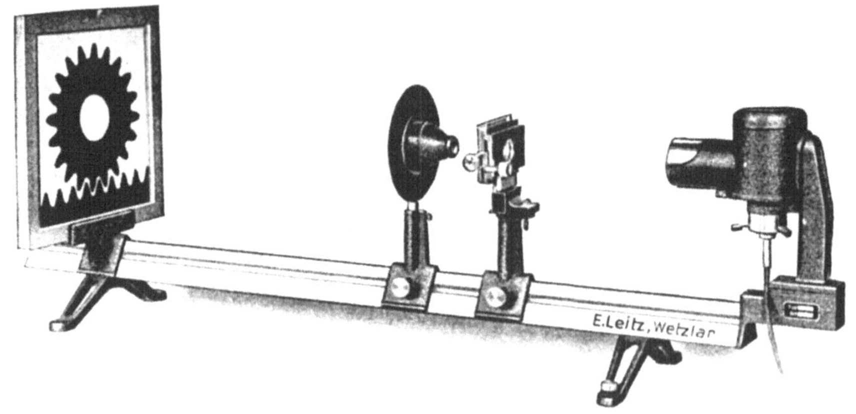

Abb. 130. Einfache Projektionseinrichtung (Leitz).

flächen mit auffallendem Licht. Bei der Beleuchtung des Prüflings unterscheidet man ebenfalls Durchlicht und Auflicht. In manchen Fällen werden beide Beleuchtungsarten gleichzeitig angewendet.

Ein Projektionsgerät mit Mattscheibe (Projektionsfläche mit durchfallendem Licht) ist der *Profilprüfer* Bauart Leitz, Abb. 131. Ein kastenförmiger Fuß trägt

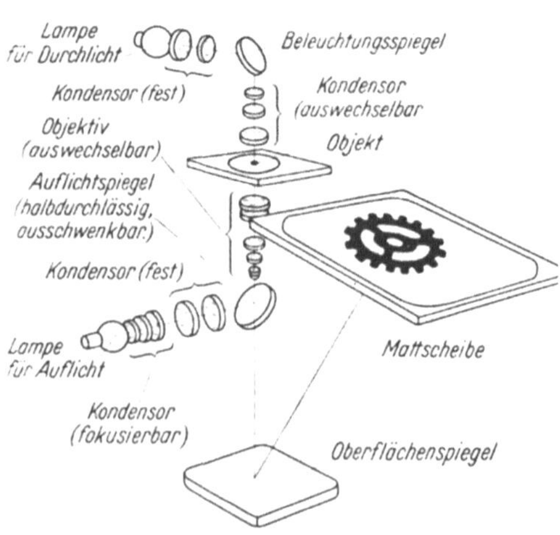

<table>
<tr><td>

Abb. 131. Profilprüfer (Leitz). Projektions-
fläche mit durchfallendem Licht.

</td><td>

Abb. 132. Strahlengang des Profilprüfers (Leitz)
für kombinierte Durchlicht- und Auflichtbeleuchtung.

</td></tr>
</table>

einen senkrechten Ständer, an dem der Meßtisch mit dem Prüfling in senkrechter Richtung zum Zweck der Scharfeinstellung verschoben wird. Im Ständer befindet sich die Beleuchtungseinrichtung und im Fuß ein Spiegel, der den Strahlengang zur Projektionsfläche umkehrt. Auf diese wird transparentes Zeichenpapier mit der vergrößerten Zeichnung des Prüflings aufgespannt. Mit Mikrometerspindeln und Endmaßen kann der Meßtisch in zwei Koordinaten um je 50 mm verschoben werden. Zwecks Einstellung in den Steigungswinkel von zu prüfenden Gewinden kann er um $\pm 10°$ gekippt werden. Ist eine Aufnahme der Prüflinge zwischen Spitzen erforderlich, so wird auf den Meßtisch ein Spitzenbock aufgesetzt. In den meisten Fällen wird mit Durchlichtbeleuchtung gearbeitet. Bei Auflichtbeleuchtung wird eine Zusatzeinrichtung auf den Meßtisch gesetzt und die Lichtquelle für Durchlicht abgedeckt. Den Strahlengang für kombinierte Durchlicht- und Auflichtbeleuchtung zeigt Abb. 132. Die Vergrößerung kann durch Auswechseln der Objektive von 10 $\times$ bis 100 $\times$ geändert werden. Das verzeichnungsfreie Sehfeld ist bei 10facher Vergrößerung 35 mm und bei 100facher Vergrößerung 4 mm. Ein schwarzer Vorhang dient zum Fernhalten des Nebenlichtes von der Projektionsfläche, so daß nicht der ganze Raum, in dem das Gerät steht, abgedunkelt werden muß.

Der *große Projektor* Bauart Leitz, Abb. 133, besitzt eine undurchsichtige Projektionsfläche, auf die die Zeichnungen aus weißem Zeichenpapier aufgespannt

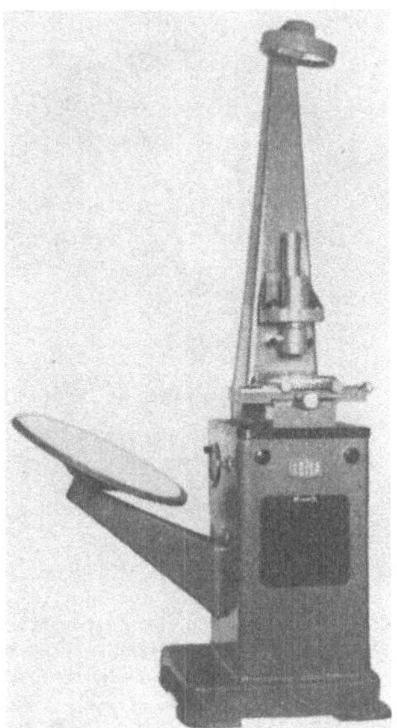

werden. Der Umlenkspiegel sitzt am oberen Ende des großen Ständers, an dem der Objektivträger angebracht ist. Der Ständerfuß enthält die Beleuchtungseinrichtung, trägt den Meßtisch und auf einem seitlichen Arm die Projektionsfläche. Der Meßtisch ist als Kreuztisch ausgebildet, der mit Mikrometerspindeln und Endmaßen in der Längsrichtung um 150 mm und in der Querrichtung um 60 mm verstellt werden kann. An dem Objektiv-

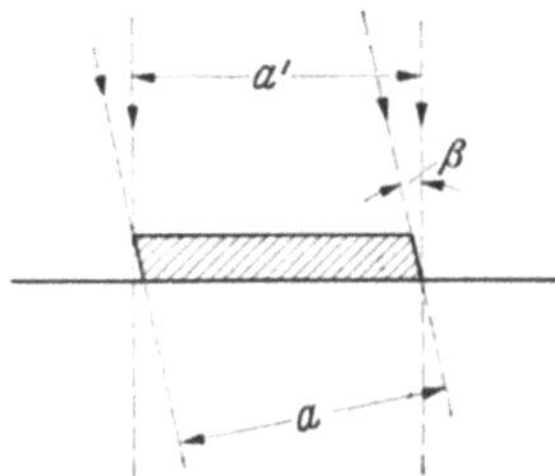

Abb. 133. Großer Projektor (Leitz). Projektionsfläche mit auffallendem Licht.

Abb. 134. Prüfling mit schiefen Begrenzungsflächen. $a < a'$. Meßtisch muß um den Winkel β gekippt werden.

körper sind die Objektive in einem Revolverkopf angeordnet, so daß ein schneller Wechsel von einer Vergrößerung zur anderen vorgenommen werden kann. Das verzeichnungsfreie Sehfeld ist bei 10facher Vergrößerung 60 mm, bei 100facher Vergrößerung 6 mm. Für die Abschirmung gegen Nebenlicht ist ein Vorhang vorgesehen.

Für Durchlichtbeleuchtung eignen sich zylindrische und flache Prüflinge, deren Umrisse als Begrenzung ihres Schattenbildes auf der Projektionsfläche erscheinen. Die Projektion eines Gewindes kann niemals das genaue Profil des Achsenschnitts wiedergeben, weil die projizierte Umrißlinie infolge des Gewindedralls vor bzw. hinter der Achsenschnittebene befindliche Teile des Gewindes mit erfaßt. Stehen die Begrenzungsflächen eines flachen Prüflings nicht senkrecht zur Auflagefläche, Abb. 134, so wird ebenfalls ein anderes Profil als das technisch wirksame abgebildet. Durch Kippen des Meßtisches kann die Projektion richtig gestaltet werden, wenn die

Begrenzungsflächen des Prüflings auf jeder Seite in derselben Richtung stehen, also parallel zum Lichtstrahlenbündel ausgerichtet werden können.

Bei der Auflichtbeleuchtung wird die obere Fläche des Prüflings senkrecht beleuchtet. Das reflektierte Licht ergibt auf der Projektionsfläche ein helles Bild der Prüflingsoberfläche. Wird Durchlicht und Auflicht gleichzeitig angewendet, so können aus dem Verlauf der Umrißlinien des Prüflings und der Begrenzungslinien seines Oberflächenbildes Schlüsse auf die körperliche Beschaffenheit des Prüflings gezogen werden.

Ein *optischer Profil-Projektor*, dessen grundsätzlicher Aufbau dem der Abb. 131 entspricht, der jedoch in Konstruktionseinzelheiten abweicht, ist in Abb. 135 dargestellt. Bei dieser Bauart (Hauser) sitzen sämtliche Objektive auf einem Schlitten und können durch sein Verschieben nacheinander in den Strahlengang eingeschaltet

Abb. 135. Profil-Projektor (Hauser).

Abb. 136. Profil-Projektor (Hauser).
Kondensoren an Revolverkopf, Objektive
auf verschiebbarem Schlitten.

werden. Zu jedem Objektiv gehört ein besonderer Kondensor, der an einem Revolverkopf angebracht ist und zu seinem Objektiv zugeschaltet wird, Abb. 136.

C. Optische Festlegung von Achsen.

Der Maschinenbau steht besonders bei der Montage häufig vor der Aufgabe, die Achsen von Maschinenteilen so festzulegen, daß sie in gleicher Richtung laufen, „fluchten", also keinen Winkel miteinander bilden, und in manchen Fällen sich sogar decken. Die Prüfung solcher Achsen, Lagerbohrungen, Führungen, Maschinenbetten usw. wird besonders schwierig, wenn es sich um große Abmessungen handelt. Sie kann mit optischen Hilfsmitteln vorgenommen werden. Man verwendet dafür Fluchtfernrohre und Autokollimationsfernrohre.

35. Fluchtfernrohre. Die optische Achse des Fluchtfernrohres stellt eine Bezugsachse dar, deren Richtung und Lage im Raum bei einmal eingestelltem Fernrohr festliegt. Mit diesem Fernrohr werden Zielmarken anvisiert, die an verschiedenen Stellen der zu prüfenden Maschinenteile angebracht werden. Abweichungen der Zielmarken von der optischen Achse des Fluchtfernrohres können mit diesem in zwei zueinander senkrechten Richtungen (Höhe und Seite) ausgemessen werden. Setzt man z. B. den Zielmarkenträger an verschiedenen Stellen auf eine längere Welle oder ein langes Maschinenbett und mißt jedesmal die Höhen- und Seitenabweichung der Zielmarke von der optischen Achse des Fernrohres aus, so kann man damit die Abweichungen bestimmen, die die Welle oder das Maschinenbett von der festgelegten Achse haben. Abb. 137 zeigt ein Fluchtfernrohr, das auf einem in jeder Richtung verstellbaren Stativ gelagert ist. Mit den beiden, senkrecht und waagrecht angeordneten Meßtrommeln werden Planplatten gekippt, die vor dem Objektiv angeordnet sind und das Bild der Zielmarke nach der Höhe

Abb. 137. Fluchtfernrohr (Leitz) auf verstellbarem Stativ.

bzw. der Seite versetzen. Diese Versetzung ist abhängig von dem Kippwinkel der Platten und wird an den Meßtrommeln in 0,05 mm oder 0,02 mm abgelesen. Der Zielmarkenträger mit eingebauter Beleuchtung ist in Abb. 138 dargestellt. Er wird in eine Fassung, Ständer oder dgl. eingesetzt, die dem zu prüfenden Maschinenteil

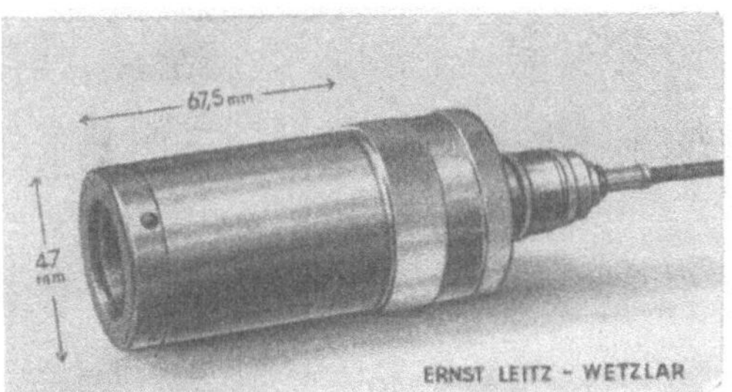

Abb. 138. Zielmarkenträger zum Fluchtfernrohr (Leitz) Abb. 137.

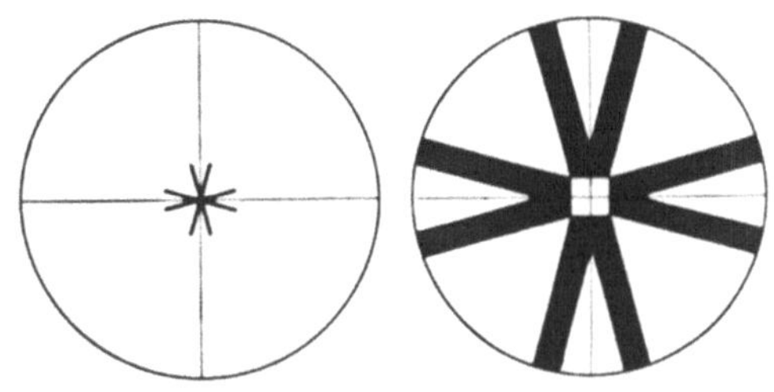

Abb. 139. Zielmarke Bauart Leitz zum Fluchtfernrohr Abb. 137.

angepaßt sind. Eine Zielmarke Bauart Leitz zeigt Abb. 139. Das dünne Strichkreuz ist im Fluchtfernrohr eingebaut. Deckt sich das Bild der Zielmarke nicht mit diesem Strichkreuz, so wird es durch Drehen an den Meßtrommeln verschoben, bis die abgebildete Deckung vorhanden ist. Die dann erreichte Stellung der Meßtrommeln zeigt die Abweichung der Zielmarke von der optischen Achse des Fernrohres an. Das abgebildete Fluchtfernrohr hat einen Entfernungsbereich von 1 m···50 m, in dem es Abweichungen von $\pm 2,5$ mm von der optischen Achse ausmessen kann. Richtungsabweichungen, das sind Winkelabweichungen, können nur dadurch bestimmt werden, daß man die Lage der Zielmarke an verschiedenen, möglichst weit voneinander entfernten Stellen des Prüflings ausmißt und aus den Abweichungen und Längenabständen die Winkelabweichung errechnet.

36. Autokollimationsfernrohr. Setzt man an die Stelle der Zielmarke einen Kollimator, d. h. eine beleuchtete Marke mit einer Sammellinse, die die Marke im Unendlichen erscheinen läßt, so können mit dem Zielfernrohr Richtungsunterschiede zwischen Kollimator und Fernrohr bestimmt werden. Wenn man das Fernrohr zugleich als Kollimator verwendet, was infolge der optischen Umkehrung möglich ist, so hat man ein Autokollimationsfernrohr; es ist dann nur nötig, an Stelle der Zielmarke einen Spiegel anzubringen. Wird der Spiegel um einen Winkel φ gekippt, so wird der vom Fernrohr ausgehende Lichtstrahl um $2\,\varphi$ abgelenkt. Diese Ablenkung kann an einer Strichplattenskala im Fernrohr beobachtet und gemessen werden.

Eine andere Anwendung des Autokollimationsfernrohres ist im Abschnitt 30 (Optimeter) beschrieben.

Schrifttum.

[1] SCHMIDT, H.: Fehlertheorie und Ausgleichsrechnung und ihre Anwendung auf betriebsmäßige Längenmessungen. Werkstattstechn. u. Werksleiter Jg. 36 (1942) Nr. 23/24 S. 505.

Allgemeine Angaben über Fehlertheorie usw. siehe die Werkstattbücher Heft 52 u. 90: HAPPACH: „Technisches Rechnen I u. II".

[2] SCHMIDT, H.: Die Angabe der Genauigkeit bei Längenmeßgeräten. Werkstattstechn. Der Betrieb Jg. 37/22 (1943) Nr. 10 S. 375.

[3] BOCHMANN, H.: Meßfehler durch Abplattung beim Gewindemessen. Z. Instrumentenkde. Jg. 49 (1929) Nr. 4 S. 188.

[4] SCHMIDT, H.: Die Abnutzung von Lehren. Würzburg 1932.

[5] NIEBERDING, O.: Abnutzung von Metallen unter besonderer Berücksichtigung der Meßflächen von Lehren. Berlin 1930.

[6] LEHMANN, R.: Der ABBESche Grundsatz für Längenmessungen. Werkstattstechn. u. Werksleiter Jg. 34 (1940) Nr. 5 S. 73.

[7] MAYER, A. E.: Über Gleichdicke. Z. VDI 1932 Nr. 37 S. 884.

[8] LEINWEBER, P.: Toleranzen und Lehren. Berlin 1948.

[9] SCHMIDT, H.: Meßgeräte für große Längen. Werkstattstechn. u. Werksleiter Jg. 36 (1942) Nr. 13/14 S. 278.

[10] RÄNTSCH, K.: Die Optik in der Feinmeßtechnik. München 1949.

[11] SCHMIDT, H.: Beitrag zur Frage der Alterung von Stahl. Werkstattstechn. Jg. 33 (1939) Nr. 11 S. 285.

[12] SCHMIDT, H.: Beitrag zur Theorie des Ansprengens von Endmaßen. Z. Instrumentenkde. Jg. 54 (1934) Nr. 9 S. 309.

[13] SCHRÖDER, R. P.: Endmaßsätze. Z. Instrumentenkde. Jg. 63 (1943) Nr. 3 S. 109.

[14] SCHRÖDER, R. P.: Einteilung der Endmaße, Verwendung ihrer Ordnungsgruppen und Genauigkeitsgrade und ihr Ersatz. Werkstattstechn. Jg. 33 (1939) Nr. 6 S. 173.

[15] BERNDT, G.: Grundlagen und Geräte technischer Längenmessungen. 2. Aufl. Berlin 1929.

[16] SCHMIDT, K.: Das verdrillte Federband. Z. Instrumentenkde. Jg. 61 (1941) Nr. 7 S. 224.

[17] PFLIER, P. M.: Elektrische Messung mechanischer Größen. Berlin 1948.

[18] KRUG, W.: Neue Wege zur Innenmessung, insbesondere Präzisionsmessungen kleiner und kleinster Bohrungen. Feinwerktechnik Jg. 53 (1949) Nr. 1 u. 2.

Folgende Firmen haben Abbildungen zur Verfügung gestellt:

AEG, Berlin-Reinickendorf
Askania-Werke A.G., Berlin-Friedenau
Fortuna-Werke Spezialmaschinenfabrik A.G., Stuttgart-Bad Cannstatt
Henri Hauser A.G., Biel (Schweiz)
Hommelwerke G.m.b.H., Mannheim-Käfertal
Georg Karstens, Stuttgart S
Ernst Leitz G.m.b.H., Wetzlar
Carl Mahr, Eßlingen a. N.
Dr.-Ing. Nieberding & Co. K.G., Neuß
Patent- & Versuchsanstalt, Vaduz (Liechtenstein)
Pratt & Whitney Division Niles-Bement-Pond Company, West Hartford 1, Connecticut (USA)
Carl Zeiß, Jena

Registrierinstrumente. Von **Albert Palm,** Oberingenieur. Unter Mitarbeit von Dr. phil. nat. Heinz R o t h. Mit 203 Abbildungen im Text. VIII, 220 Seiten. 1950.

Ganzleinen DM 19.50

Elektrische Meßgeräte und Meßeinrichtungen. Von **Albert Palm,** Oberingenieur. D r i t t e , neubearbeitete Auflage. Mit 232 Abbildungen im Text und 7 Tafeln. XI, 284 Seiten. 1948.

DM 21.—

Elektrische Meßgeräte und Meßverfahren. Von Dr.-Ing. **Paul M. Pflier,** Nürnberg. Mit 241 Abbildungen. XII, 193 Seiten. 1951.

Ganzleinen DM 21.—

Elektrische Messung mechanischer Größen. Von Dr.-Ing. **Paul M. Pflier,** Nürnberg. D r i t t e , erweiterte Auflage. Mit 308 Abbildungen. VI, 256 Seiten. 1948.

DM 30.—

Praktische Spannungsoptik. Von Dr. phil. **Ludwig Föppl,** o. Professor an der Technischen Hochschule München, und Dr.-Ing. **Ernst Mönch,** a. o. Professor an der Universität Tucuman/Argentinien. Mit 135 Abbildungen. VII, 162 Seiten. 1950.

Ganzleinen DM 21.—

Feinstarbeit, Rechnen und Messen im Lehren-, Vorrichtungs- und Werkzeugbau. Von **E. Busch** und **F. Kähler** †. (Werkstattbücher für Betriebsangestellte, Konstrukteure und Facharbeiter. Herausgeber: Dr.-Ing. H. Haake, Hamburg, H. 86.) Z w e i t e , verbesserte Auflage. Mit 107 Abbildungen. 66 Seiten. 1951.

DM 3.60

Der Dreher als Rechner. Wechselräder-, Kegel- und Arbeitszeitberechnungen in einfacher und anschaulicher Darstellung zum Selbstunterricht und für die Praxis. Von **E. Busch.** (Werkstattbücher für Betriebsangestellte, Konstrukteure und Facharbeiter. Herausgeber: Dr.-Ing. H. Haake, Hamburg, H. 63.) V i e r t e Auflage. Mit 23 Abbildungen im Text, 19 Zahlentafeln und zahlreichen Übungsbeispielen. 64 Seiten. 1947.

DM 3.60

Rechnen an spanabhebenden Werkzeugmaschinen. Ein Lehr- und Handbuch für Betriebsingenieure, Betriebsleiter, Werkmeister und vorwärtsstrebende Facharbeiter der metallverarbeitenden Industrie. Von **Franz Riegel,** Maschinen-Ingenieur, Nürnberg. E r s t e r B a n d: **Rechnerische Grundlagen, Kegeldrehen, Gewindeschneiden, Teilkopfarbeiten, Hinterdrehen.** D r i t t e , verbesserte und erweiterte Auflage. Mit etwa 261 Abbildungen. Etwa 192 Seiten.

In Vorbereitung.

Z u b e z i e h e n d u r c h j e d e B u c h h a n d l u n g

(Fortsetzung 4. Umschlagseite)